商戰
大腦格命

國際商戰顧問
全腦高效率訓練權威
王鼎琪 Cindie Wang／著

啟動學習力＋競爭力
＝打造高效率人生

借取世界頂尖大師的智慧，結合九宮格思維法與心智圖，
跳脫直線思考框架，刺激腦內革命，調整工作與學習模式，
讓你記憶力 X 思考力 X 優勢力 X 目標力 X 演說力ALL UP！

TIPS TO MAXIMIZE YOUR BRAIN

啟動學習力＋競爭力，
打造高效率人生！

【本書給讀者的溫馨提示】

① 不想節省時間、增加收入的人，請不要打開！

② 不願嘗試，不想改變現況的人，別翻開喔！

③ 學而不用、用而不複習的人，千萬不要學喔！

④ 不喜歡與人分享、樂善助人的人，不要買回家呀！

⑤ 不想大腦升級、幸福、健康或財富爆表的人，不要看喔！

【本書非買不可的十大理由】

① 增強自己的左右腦，讓大腦升級，財富飽滿。

② 5 分鐘了解世界頂尖知識，讓學業與事業雙業得利。

③ 8 個問題讓你找到學習目標、動機與適合自己的方向。

④ 7 個方法喚醒你沉睡的創造力、想像力與超強記憶力。

⑤ 學習新知與技能，就像看 4D 電影一樣輕鬆又有趣。

⑥ 考試與賺錢，如同喝可樂般簡單又爽朗。

⑦ 做筆記就像畫畫一樣有趣，過目不忘。

⑧ 3 秒鐘記單字，令你瘋狂愛上學英文。

⑨ 體驗世界記憶大賽的世界級記憶祕訣。

⑩ 一次投資，無限成長，終生受用。

【本書使用方式】

① 從第一頁開始看，把序讀完後，快速掃描每個章節。

② 把每一篇章節內的問題與思考做完，再前進下一篇。

③ 遇到新的概念與練習法，請重覆多看幾次，並勤於練習每個習題。

④ 將每個篇章所學得的各項新方法，套用在你日常練習中，每天操練。

⑤ 每天至少自我訓練 15 分鐘。

【認識鼎琪老師的五大好處】

① 發現自己有別於他人的天才優勢。

② 激發自己的超強記憶力與無限潛能。

③ 提升自己的行動力與執行力。

④ 升級思維模式，增加績效與收入。

⑤ 賺回比黃金、鑽石更重要的時間。

跟世界大師借智慧，
開創全球事業人生坦途

她，曾經是父母眼中不能理解的奇孩子，數學永遠低分，英文卻永遠高分！

她，從國中資優班直升高中，透過推甄進入大學，大學畢業後以 A 等成績申請到英國牛津布魯克斯大學（Oxford Brookes University）就讀，以亞洲第一名的身分高分畢業於商學院國際觀光與飯店管理研究所！

她，參加過世界級記憶大賽，並主持、翻譯、授課、演講上萬場次，從前卻是位害羞、內向、不擅言語表達的女孩！

現在的她——

☑ 創下在全球 43 個國家、58 個城市舉辦演說力與記憶力演說，至今超過上萬場；

☑ 用英語力與高效率訓練受邀電視台教學，並在廣播電台從事記憶力與語言訓練指導；

☑ 用銷售力與整合力訓練海內外知名企業員工，最高曾於 12 個月內締造出 18 億台幣的銷售紀錄；

☑ 用行動力與說服力開闢英語記憶力網路教學系統，短短 3 個月內被引進至 197 個國家；

☑ 用舞台與企畫魅力擔任來自 40 個國家、1 萬人參加的亞太保險大會主持人；

☑ 用學習力不斷與世界頂尖人物、大師學習與合作：

✦ 擔任全球暢銷書《心靈雞湯》作家馬克‧韓森即席翻譯

✦ 擔任保險教父暨銷售巨人梅第（Mehdi）即席翻譯

✦ 接受美國白宮談判專家羅傑‧道森的談判訓練

✦ 接受世界第一行銷大師傑‧亞伯拉罕的行銷訓練

✦ 取得美國 IHMA 情緒調整訓練激勵師資

✦ 接受世界金氏紀錄銷售大師喬‧吉拉德的銷售訓練

✦ 接受世界領導力大師約翰‧麥斯威爾的訓練

✦ 接受富爸爸顧問、銷售大師布萊爾‧辛格的訓練

✦ 分別在美國矽谷與紐澤西打造華人與外國人高效率學習的互動平台

✦ 帶領多位各領域大師進行亞洲巡迴演說與訓練

　　她，一位從小在台灣長大的平凡女孩，是如何成為國際知名的訓練師以及大腦商戰顧問的？是如何克服恐懼，與世界知名人物結識進而合作的？是如何喚醒一般人心中的巨人，突破困境，升級幸福，迎來健康、財富的人生，實現自己夢想的？且看王鼎琪與讀者分享她的成功經驗——**從觀察與學習模仿開始，想像偉大，看見偉大，自己才能成為偉大的自己。**

億萬暢銷書作家──馬克・韓森

蟬聯《紐約時報》排行榜冠軍十年之久的全世界超級暢銷書《心靈雞湯》作者馬克・韓森，他的書在全球 56 個國家發行，至今一共銷售了 1 億 7 千萬餘冊，被翻譯成 40 多種語言，創造近 15 億美元的驚人銷售金額。他曾在 26 歲那年因生意失敗導致破產，一度沮喪地想要結束自己的生命，陰錯陽差撿到一張激勵演講會的入場券，在聽完演講後他走出生命的低潮，在 35 歲時登上億萬富翁行列！他的信念是「每天都要做 8 件事，而這 8 件事要與你的目標有關，注意，你的腦袋怎麼想，你的世界就會變成怎麼樣！」

寫出每天你要做的 8 件事，持續不斷地與大師級的人物合作與學習，跟對老師，因為師父已經爬過你即將要爬的山，他會告訴你什麼錯不要犯！什麼樣的老師教出什麼樣的學生，老師的級數決定學生的程度！因此，在有限的時間裡，我積極找尋世界頂尖的資訊、大師、課程、書籍，增加自己有別於他人的競爭力。相信你也可以從此著手！

作者與馬克・韓森的合照

全球銷售1.7億本，
暢銷書《心靈雞湯》作者馬克・韓森推薦

中譯

Cindie 王老師的記憶法讓學習變得輕鬆有效率，尤其圖像記憶的方法很容易輸入進去大腦，我學中文的單詞記憶也變得簡單，且永久記住了。

2007.3.27 馬克・韓森
於上海金茂君悅

◎寫下每天要做的 8 件事,這 8 件事與實現你的目標與夢想必須相關,一天結束後在這 8 件事項後標示你的完成進度百分比。

7. _____	8. _____	1. _____
完成進度比: ___ %	完成進度比: ___ %	完成進度比: ___ %
6. _____		2. _____
完成進度比: ___ %	每天要做的 8 件事	完成進度比: ___ %
5. _____	4. _____	3. _____
完成進度比: ___ %	完成進度比: ___ %	完成進度比: ___ %

世界級領導力大師——
約翰·麥斯威爾

　　全球影響力大師榜首約翰·麥斯威爾,是全球知名企業波音飛機、奇異(GE)集團、惠普(HP)科技、美國銀行(BOA)、福特汽車、AT&T 等知名品牌的導師,也是現在世界第一的領導大師,全

作者與約翰·麥斯威爾的合照

球最具影響力的人物之一,但他原本的身分是牧師。約翰的

故事告訴我們：「**別把自己做小了！**」是大多數人值得學習的榜樣。由於民族性與家庭成長背景的種種緣故，在保守、拘謹的保護傘下，我們常常讓習慣限制自身的思想與創意。**你要什麼樣的生活由你自己決定，付出越多，收穫也就越多，要勇敢說、大膽做、努力給、注重內在的自省能力！不管從幾歲開始改變，你的世界會因此大大不同！**

《360°全方位領導》
約翰・麥斯威爾 @著

鼎琪老師高效率練習題

◎ 寫下每天要培養的 8 個新的好習慣，這 8 個好習慣與實現你的目標與夢想必須相關，一天結束後在這 8 件事項後標示你做到的進度百分比。

7. 完成進度比：　　%	8. 完成進度比：　　%	1. 完成進度比：　　%
6. 完成進度比：　　%	**新培養的 8 個習慣**	2. 完成進度比：　　%
5. 完成進度比：　　%	4. 完成進度比：　　%	3. 完成進度比：　　%

保險教父──梅第

今年 90 多歲的世界第一保險教父梅第·法克哈沙戴，在他 58 年的從業中，不斷被世界性知名媒體例如《時代雜誌》（*Times*）、名人榜（*Hall of Fame*）、《財富雜誌》（*Fortune*）、《紐約時報》等相繼報導他如何持續成為冠軍。他的演講遍及 51 個國家，如此高歲數與成就的他，至今仍未退休，堅持早上 4 點鐘起床，開始進修、準備工作，晚上 7 點下班，他努力不懈的精神只有 4 個字可以形容，就是「堅持到底」（never give up）！他沒有年輕人的電腦常識，所以用手抄寫上千筆的顧客資料，自己做檔案自己歸檔，只要 30 秒，他就可以找出任何顧客的資料，與人暢談無礙。他用時間與獨特的自我管理模式，創造驚人的記憶力與成就。

作者與梅第及梅第夫人的合影

鼎琪老師高效率練習題

◎寫下自我堅持不落人後的 8 項能力。

7.	8.	1.
6.	不落人後的 8 項能力	2.
5.	4.	3.

　　不管你的目標是什麼，當企業家、考證照、升遷或是進修，人生的道路非常長遠，不管現在的你是幾歲，發掘生命存在的價值是非常有其必要的，不要在自己過去的思維與習慣中打轉，放膽認識世界最頂尖的技術、知識、老師、友人，讓自己成為一個新造的人，他們可以帶你去新的世界探索新的人生，因為核心圈的水準會影響你將來的成就！核心圈的定義就是：每天最常跟你接觸的 8 個人，每天你最常吸收的 8 個訊息。換個思維與習慣，你的世界將會大不相同！

◎寫下 8 個想學的人事物，以提升你的核心圈水準。

7.	8.	1.
6.	**8 個想學的人事物**	2.
5.	4.	3.

作者與談判大師羅傑·道森的合影

《無敵談判：
談出你的商業帝國》
羅傑·道森、杜云生
@聯合編著

分享的喜悅

　　因為一位老師的鼓勵，他說出書的目的是在分享經驗，有機會幫助人找到一絲前進的動力，於是我在 2005 年出版了第一本書，書名叫《給我記住》，截至今日，已陸續完成 11 本有關學習力與潛能激發的著作。不同以往的是，今年開始，我也特地嘗試了音樂專輯，已有〈相信自己〉、〈獨特的你〉、〈勇往直前〉等 5 首歌曲的詞曲創作。從事個人成長訓練與企業顧問的 19 年來，讓我走過 40 多個國家，結交無數個世界頂尖菁英，非常幸運可以挖掘他們身上所累積的智慧結晶。今天，我抱持感恩的心，盡我所能地來與大家分享這本書，希望這本書可以帶給大家不只是學習上與工作上的突破，也能夠幫助大家在事業的視野與人生的格局的規劃上，能有更多的光芒與精采。

　　我非常感謝我父母親的遠見，看見我的潛能與長處，願意用不同於傳統教育思維的方式，大膽地栽培我，讓我有如今的成就。尤其感謝我的父親王友本先生，在這本書中，特地分享了他超過 40 年以上的創業祕辛，讓更多讀者有機會看見萬丈高樓平地起的任何可能性。我也感謝機會與命運之神的眷顧，讓我在成長過程中，總能遇到相當卓越的導師與不凡的機會，讓我的人生過得精采、順遂卻不平庸。感謝上帝

一路的恩典與帶領：在人不能的，在神卻能。祂給每個人相同的信心，並供應我們生活一切所需。

　　因此，我把這本書獻給那些需要愛、願意給愛、需要自信，且願意終生高效率學習的人。期盼翻閱此書的人都可以有所體會，走出不同的人生格局，也期望這份感動能化為行動，把這本書推薦出去，讓更多人得到幫助。有興趣的人，也可以在臉書搜尋「鼎琪高效能學府」，把你最喜歡這本書的部分與我分享喔！

f 鼎琪高效能學府

趙鼎琪 Cindie

CONTENTS

Chapter 1　事業與學業雙業共好的高效率人生

Chapter 2　找出左右腦密碼，喚醒你的天賦

Chapter 3　七大超強記憶法，打造最強大腦

CONTENTS

Chapter 4　超越英語力，做全球生意

Chapter 5　大腦鍛時術，減少生活用數

Chapter 6　向世界級學習，成效來自模仿

Chapter 1

事業與學業雙業共好的
高效率人生

1-1 開啟擁有學業與事業的羨慕腦

了解如何啟動你的大腦，可以讓你的大腦習慣學習的吸收能力變好，學習能力變好，事業也能一起共好。學習的能力反應在你的應變力、組織能力、溝通能力、語言力與表達力，進而影響你的財富力、幸福力與健康力，因為你對大腦所下的指令，它怎麼想，就會怎麼說、怎麼做，可以說你今天的結果就是你過去所想得來的。**而你今天所想的一切，決定了你明天的人生。（by 琳恩‧麥塔嘉）**

改變是一種選擇，而非一種反應。你的注意力所集中之處就是你能量會投射到的地方。因此，我們要對想要的事物抱持明確的意念，選擇信任與放手，練習克服我們的障礙：**就是別再用過去發生的事來掌控我們的未來。（by Dr. Joe Dispenza）**

不論你是否曾經經商失敗，還是注意力不集中，又或是個人人口中的慢郎中或消極郎，只要你這樣告訴自己：「我願意啟動高效率人生」，你所期待的事件將會自行展開，你要做的就是讓「想法」與「感受」一致，Let's do it!

　　這本書運用了在國外風行超過 40 年的開放式教育，啟發左右腦，並集結了鼎琪老師近 20 年的教學經驗與在世界 43 個國家的見識，摘錄了與數十位世界級大師與億萬身價企業家的合作經驗，把親身擔任年營收數十億到百億企業的顧問經驗與大家分享，藉由調整腦力，讓學習力提升競爭力，讓競爭力帶你享受優質的工作力與事業力。

　　本書運用作者啟蒙老師，也就是英國腦力開發專家、心理學家暨世界記憶大賽創辦人東尼‧布贊（Tony Buzan），在西方已有60年實證的高效率聰明心智圖法（Mindmapping，本書稱為八爪魚賺時記憶法），與 7 大高效學習法，藉此提升思考力與學習力，同時運用一套源自東方的「9 個格式」獨特思考術，結合「水平」與「垂直」的「多層次思考」，由 3×3 九宮格的正中央，往外延伸 8 種思考角度，就像創意朝四面八方展開無拘無束的馳騁，有效刺激大腦的聯想力、邏輯力、創造力與圖像思考力。在問題當中發現自我思緒的屏障，得到解決問題的方案，更有助於打造全新的邏輯思維，跳脫直線思考框架，開啟擁有學習力與創業力的全面競爭力！

圖 1-1 攝於倫敦，
世界記憶大賽現場

主題7 大腦鍛時術， 減少生活用數	主題8 向世界級學習， 成效來自模仿	主題1 學會問問句， 啟動高效率
主題6 超越英語力， 做全球生意	高效率人生	主題2 檢視你的核心圈， 提升核心圈水平
主題5 七大超強記憶法， 打造最強大腦	主題4 找出左右腦密碼， 喚醒你的天賦	主題3 重設大腦程式語言， 設定高效率目標

　　如果要在事業上精采，現在就好好重新啟動你的大腦學習革命，因為知識就是你心靈的糧食，你的大腦需要成功的畫面與養分。

圖 1-2 2015 八大明師會場

1-2 學會問問句，啟動高效率

管理學大師彼得・杜拉克（Peter Drucker）曾表示，過去的領導者或許是一個「知道如何解答問題」的人，但未來的領導者必將是一個「知道如何提問」的人。

20年來我接受最頂尖的大腦學習力訓練，參與過數十位世界級大師舉辦的高階密訓，在運用這些技巧協助個人成長與企業達標的時候，我發現，我們在提問問題的時候，大腦是處在思考的狀態中，進而啟動我們的想像力，處理我們所面臨的複雜問題。

既然問問題有助於解決問題，那麼問題究竟應該怎麼問，又要問什麼好呢？好的提問往往從你沒有預設立場與期望答案的正確性開始，這裡有三種提問的建議方向，給大家感受一下，有什麼不同。

• 將指令句改成提問句：

1.（×）我覺得這個提案才有效！

2.（×）我覺得你這樣說不對！

3.（○）依你的看法，這個提案有機會達到目標嗎？

4.（○）依你的經驗，這種說法還有什麼要考慮的地方嗎？

- 避免使用責難式提問，多用友善的開放式提問：

1.（×）要不要採用這個作法？

2.（×）你認為這個方式能達到目標嗎？

3.（○）這個做法還存在什麼樣的好處（或壞處）？

→這句已經有認可對方的意思，只是在討論更深入的細
　節。

4.（○）還有哪些方式可以達到目標？

→這句與第 2 句語氣是不同的，第 2 句帶有質疑的口吻。

　而像本句這樣問，可以激盪大腦產生更多可能性！

- 以共同解決的開放性態度進行提問：

1.（×）怎麼會發生這種事？

2.（×）你打算如何解決？

3.（○）是什麼原因導致目前的結果？

4.（○）我們該怎麼做才能解決這個狀況？

　　上面舉的範例雖然聽起來都是在提問，但重點在避開批判性的語氣，引導對方發表意見，不僅能讓對方更容易卸下心防，更願意說出真實的想法，同時，還讓對方產生我們雙方擁有正在共同處理與經歷一件事的共鳴。

　　下面共有 15 道提問的練習，這些練習都是關乎我們對於學習與職場上想要突破性進展的問句，利用九宮格的形

式，中間一格是想獲得解決的問題，請在外圍的 8 個格子內，
激發自己寫下答案！記得，遇到寫不出答案時，可以先空下，
先回答後面的問題，同樣遇到思緒打結的時候，就跳過繼續
往下作答，盡量讓大腦保持在高速運轉的狀態，維持這樣的
頻率，可以鍛鍊我們的思考力。

鼎琪老師高效率練習題

① 大膽的投資自己吧！投資自己絕對是世界上最划算的交
　易，沒有風險，不會後悔，學會之後還可以用上四、五十
　年。重點是要向哪些老師學習？畢竟教練的級數決定選手
　的表現！

7.	8.	1.
6.	向哪8位老師學習？	2.
5.	4.	3.

②找出屬於你的完美團隊或合作夥伴！試著寫出能與你互補
的人，並列出這些人的名字吧。

7.	8.	1.
6.	誰可以與你互補？	2.
5.	4.	3.

③在成功的所有關鍵中，貴人相助占了一個人成功比重的
40%。請寫下來貴人看到你就想幫忙你的 8 個理由。

7.	8.	1.
6.	貴人會想幫我的理由有哪些？	2.
5.	4.	3.

④學習是需要付點代價的，不學習付出的代價更大。如果現
在你有一個願望是：你的未來是超級無敵美好的，只要你
願意現在好好栽培你自己。那麼你想告訴自己，你需要學
會哪 8 件事？如果這些事需要花錢去學習，既然要學就要
學最頂尖的，那麼你願意花多少錢投資自己的未來？

7.	8.	1.
6.	**學會哪 8 件事？ 願各投資多少錢？**	2.
5.	4.	3.

⑤價值觀（如：誠信、好學、孝順、愛冒險、信用、品質、
　地位、求快速、穩健、完美、金錢、健康、正直、有趣、
　成長、變化、勇氣、威望、成就、助人、公正……）是一
　切合作與相處的關鍵因素。列出你的價值觀排序前 8 名，
　同時，把你的合作夥伴、即將要合作的對象、你的另一半，
　以及你關注的人，一起請對方列出前 8 項他們所重視的價
　值觀，經過比對，你將更認識他們！

7.	8.	1.
6.	**我最重視的價值觀 有哪些？**	2.
5.	4.	3.

⑥沮喪是最奢侈的浪費，情緒調整速度決定你的成功速度。
　幫你度過低潮的最有效方法是什麼？做哪些事能讓你迅速
　振作起來？

7.	8.	1.
6.	做什麼事可以讓我快速開心起來？	2.
5.	4.	3.

⑦要知道「不用錢的最貴，免費的其實不免費」，先吃虧其實是一步步讓人心甘情願付出代價的報酬。試著思考看看，你在工作上可以提供哪8種免費的服務，好讓顧客願意為你掏出錢包？

7.	8.	1.
6.	我可提供哪些免費服務給客戶？	2.
5.	4.	3.

⑧原來黃金鑽石級的顧客與貴人的名單就在你手機裡！找人、得到幫助其實沒有那麼難，難在你是否願意開始先翻開通訊錄，列出名單！所以寫下他們的名字吧！

7.	8.	1.
6.	誰是黃金鑽石顧客？	2.
5.	4.	3.

⑨與人合作可以瞬間生出更多的優勢，像是時間、能力、財
　富等。寫出你最想與誰合作？

7.	8.	1.
6.	我最想與誰合作？	2.
5.	4.	3.

⑩有沒有問過自己，其實可以控制花錢的欲望？寫下自己最
　浪費的 8 個地方。

7.	8.	1.
6.	我最浪費的是什麼？	2.
5.	4.	3.

⑪這一道是自我覺察的自省能力練習。寫出平常你不做但其實你可以去做的 8 件事情。

7.	8.	1.
6.	平常不做但該做的事有哪些？	2.
5.	4.	3.

⑫價值大於價格，有錢人看得是價值，窮人比價格。列出你產品非買不可的 8 個理由，並寫出價值大於價格的地方。

7.	8.	1.
6.	產品有哪 8 個非買不可的理由？	2.
5.	4.	3.

⑬不管是面試找工作、當銷售員、升公司主管或是找對象，問問自己別人為何一定要選你、挑你、用你，你的獨特性是什麼？為什麼不是別人而是你，哪些是你有別人沒有的地方？

7.	8.	1.
6.	非我不可的理由有哪些？	2.
5.	4.	3.

⑭我們知道大腦喜歡用問題來進行運轉，不論是對自己還是對對方，提出好問題，都可以得到有效益的答案。那麼我要如何讓產品可以每個月多賣一倍以上呢？

7.	8.	1.
6.	要如何做才能讓產品熱銷？	2.
5.	4.	3.

⑮如果鼎琪老師送你 1 億元現鈔，你可以買回過去浪費的時間嗎？時間重於金錢，要如何節省不必要的時間浪費呢？

7.	8.	1.
6.	如何節省工作或學習時間？	2.
5.	4.	3.

　　這些提問練習不僅可以自己作答，也可以與你的工作夥伴、家人、伴讀者一起作答，可以互相觀摩，從別人的答案中得到的啟發再寫進自己的答案中。常常問自己問題，你的想法甚至作法都會在不知不覺間開始變得跟過去不一樣了，才能開展一個不一樣的人生。每天讓自己的大腦動起來，進行 15 至 20 分鐘的操練，並持之以恆，是很重要的功課喔！

檢視你的核心圈，
提升核心圈水平

我在世界第一的領導力大師約翰‧麥斯威爾身上學到一句話，**核心圈的水平會影響你的結局**。找出每天與你相處最久的 6 到 8 個人，檢視一下他們的財富、學習觀念、人際關係、健康狀態、兩性關係及工作成就，你離他們的結果其實會越來越像，原因很簡單，因為物以類聚，人以群分，所以你的命運其實不是掌握在自己手裡而是在你「核心圈的人」的手裡！更準確地說，你最常接觸的這些人，他們對你的人生有關鍵性的影響！你的核心圈的水平將決定你成功的速度，這個核心圈的人可能是你的配偶、老闆、手足、同學、同事、老師或父母。

7.	8.	1.
6.	**誰是我的核心圈？寫下名字與關係**	2.
5.	4.	3.

將你的核心圈人物依下列所舉項目打出分數，滿分 100 分。

項目 名字	財富 收入	學習 態度	人際 關係	家庭 生活	健康 狀態
1.					
2.					
3.					
4.					
5.					
6.					
7.					
8.					

⚙️ 我的企業家模仿對象——王友本

　　我的父親出生在南投縣集集鎮一
個偏僻的地方，家境很差，靠半工半
讀才完成了初中及高中的學業，因此
練就了他獨立自主及堅強的毅力與恆
心。1973 年他從軍中退伍，在 500 多
名的應徵者中，脫穎而出，成了大同
公司只錄取 25 名服務技術人員的其
中一名，經過半年的訓練，成為大同公司第一屆全能班的服
務技術員，主要業務在修理彩色電視機、電冰箱、洗衣機、
冷氣機及所有小型電器產品。

　　父親受到長官的栽培及賞識，被分配到內湖服務站當
服務技術員，而後在台北內湖區自行創業成立電器行，銷售
各品牌的電器產品，因在服務技術上的優異及銷售方面的創
新，在該領域創造了很多的奇蹟，也因此受到眾人擁戴，接
連擔任電器品牌經銷商聯誼會的副組長、組長、副會長、會
長、副總會長到總會長。

　　1983 年為了改善電器業主的經營環境，父親進入台北市
電器公會，從委員、副主委、主委、指導理事、常務理事、
常務監事的磨練到最終獲得理事長的頭銜。2008 年全台 23
個縣市均有的電器公會，史無前例地由父親成立了第一個全

國性的組織「電器商業同業公會全國聯合會」，成為創會理事長。他說人的一生，除了事業外，還需要加入公益社團為人服務，回饋社會，因此，他曾任台北市內湖區體育會從單項主委到理事、常務理事，為地方盡義務。他在擔任台北雙園扶輪社第二十屆社長時，舉辦公益演唱會，募款百餘萬元幫助弱勢團體。最近剛卸任台北市南投縣同鄉會理事長，陸續成立過合唱團、書法班、氣功班等，讓旅北鄉親身心靈健康，並帶他們做公益，為社會盡棉薄之力。

父親目前擔任全國商業總會常務理事，也是全國電器公會創會理事長，為國內上萬個企業謀福祉。永無止盡的學習與追求多元理論的他，剛以 96 分的成績考入國立台北商業大學企管系以完成年輕時未能如願的大學夢，成為 70 歲的大學新鮮人。父親在事業最顛峰的狀態下創造連鎖帝國，培育出 50 位千萬富翁，我把他人生奮鬥的過程與他身邊核心圈的人物之特質，統整起來，列出 24 種核心人最重視的能力，而這些能力潛移默化地影響著我。

7. 親和力	8. 積極力	1. 忍耐力
6. 誠實力	**24 項核心能力之一**	2. 學習力
5. 堅持力	4. 正面力	3. 孝順力

　　這九宮格上的 8 項特質是我最為注重、也是畢生所求的核心能力，跟諸君共勉之。

1.　忍耐力是在創業的過程中必須學會的能力，把吃苦當作吃補。父親半工半讀時，為了維持生計必須同時身兼好幾份差，送報紙時最怕遇到下雨或刮風，或是在炎熱的天氣下到府安裝好幾噸的冷氣等，這種忍耐力也影響著我，成為我獨自在國外求學、年輕創業時經歷挫敗、再戰而起的特質。

2.　要能成為一位全方位的創業家、企業家或領導者，為了不讓自己有資訊或技能上的落人之後，無時無刻地補充新知，是永不衰敗的不二法門。

3.　企業經營中挑選重要主管所評定的其中一項能力就是孝順，也是企業間是否能互相合作的觀察條件，正所謂飲水思源，一個人如何對待父母，等同於他如何回應上司或貴人的支持，對於倫理的尊重與用心，也成為我篩選核心圈人物的重要指標。

4.　在半工半讀的過程中，父親常常遇到同學或客戶異樣的眼光，但皆以正面的心態轉化自己的情緒，總想著自己擁有健康的身體，有份工作，還能讀書，比起鄉下的其他同學們已經是稱得上幸福與幸運了。正面力如同維他命，也成為我前進奮鬥的巧克力。

5.　成功的人都要有一種特性，就是堅持力，能撐得久的人，

可以度過成功來臨前的巨大考驗，每當挫折來臨時，其實就是在告訴自己，再堅持一下，甜美的果實即將到來。

6. 誠實是做人的根本，俗話說得好，Honesty is the best policy.（誠實為上策），永遠把最真實的狀況告訴顧客、合夥人、同事、家人、朋友，不要浪費時間包裝謊言，因為時間真的太可貴了。

7. 親和力是堆疊金磚的關鍵，父親擔當技術員的時候，不管顧客的電器是否從他手上銷售，只要有需求，從來不拒絕客戶的請託，也會順手幫忙客戶檢修家中其他的電器產品或聆聽顧客家中的生活故事提供建議。在商場如戰場的過程中，親和力是為你累積人脈發家致富的要件，如果受到顧客的信賴，他能為你帶來的效益絕對遠比你所想像得大，這是我在金氏世界紀錄銷售冠軍保持人喬‧吉拉德演講中所學到的寶貴心得。

8. 要做上等人就必須積極，爭取凡事都要自己親身經歷，自己有積極參與過的，才有真實的經驗去帶領新人，積極的人才有機會拔得頭籌，因為人們永遠只會記得第一名。

　　除了這 8 項，24 項中剩下的 16 個特質，也是企業家核心圈水平所重視的能力，也一併列給大家參考，當作自己的檢查表，檢查自己的核心圈人物與你自己，看看你與你的核心圈是否具備這些能力？

15. 行銷力	16. 溝通力	9. 整合力
14. 挑戰力	**24 項核心能力之 II**	10. 鼓舞力
13. 創新力	12. 想像力	11. 沉著力

23. 鑑賞力	24. 幽默力	17. 說服力
22. 領導力	**24 項核心能力之 III**	18. 銷售力
21. 記憶力	20. 議價力	19. 服務力

　　除了原生家庭是你核心圈的對象，花最多時間相處的同事、朋友、合夥人、老師、合作對象，都是你要檢視的對象。如果你要創業、白手起家或是參與社團，快去找出這些大腦中必須經營的 24 項能力吧。

我的合作夥伴模仿對象——洪豪澤

我的合作夥伴之一，洪豪澤老師是一位曾經不斷創業失敗又崛起的白手起家創業家。他赤手空拳到中國大陸打拼，目前已是中國最炙手可熱也是最貴的企業顧問。事業的版圖橫跨中國各省、東南亞、北美等地，他

圖 1-3 與羅伯特清崎的合影

的演講與訓練、著作與他擔任上千家大中小型企業的顧問經驗，為他爭取到業界最落地的實戰教練顧問之稱號！

他 12 歲那年，家道中落，父親肝癌過世，家中背負上千萬的負債，因此休學一年，開始一天兼六份差，幫人當苦工、賣血、挖下水道，18 歲時在因緣際會之下接觸到培訓，開始學會銷售、帶團隊、辦早會、做訓練，發展出一套獨到的創業哲學與帶人系統，24 歲拿到多次個人及團隊銷售冠軍，到全台灣發展業務。27 歲開創公司，代理銷售產品並開始接受全球頂尖權威專家數十種管理類別訓練。32 歲在兩岸開設多家分公司，建立千人團隊。34 歲公司不幸全部倒閉，至此跌入人生谷底，繼而重新開始。37 歲再次進軍中國大陸市場，目標直指培訓市場，成立企業管理顧問公司，立足上海。44 歲後出版上架數十種著作、光碟，後受邀至中國各省及世界各地演講、開班授課，擁有億萬人生。

　　我發現洪老師有四個難得的特性，即努力不懈的堅持、鐵的紀律、對事業的熱忱與不斷的自我成長，讓他能執業界之牛耳，立於不敗之地，也是我合作夥伴的模仿對象。

1. 堅持性：洪老師始終堅持這份工作，並且在這份工作上持續努力超過 20 年，足以看出他對成功的堅持，所謂滾石不生苔，想要在業界占有一席地位，堅持崗位 15 年以上才能成為權威或國際大師，而洪老師也把他 20 年來的業務團隊培訓系統成功複製，給企業設計自動化的營運模式，讓員工或團隊按表操課就能準確達標，甚至超標。

2. 紀律性：認識洪老師的十年來，訓練團隊時，不管季節氣候，風雨無阻，他永遠七點早會，五點結件業績的檢討，從來沒有耽擱過。力行分明的賞罰制度，是管理企業與團隊最重要的榮譽機制。

3. 熱忱性：對於學員與企業主的需求，洪老師永遠懷抱高度的熱忱，細心的盤問出障礙點，討論出突破點，並且給予有效的策略，帶領眾人超越自己的紀錄，完成自己認為不可能的績效。

4. 成長性：洪老師不僅是位熱愛學習的人，也特別重視團隊共同學習成長的重要性，不僅自我求新求變，更帶著團隊向世界權威請益，過去這段時間以來，向數十位各領域第一的各國大師學習，他的訓練系統，把西方的科學與數據融入東方的人情與市場需求，追求多元性市場趨勢的應變

來設計訓練課程，這是洪老師的優勢。

洪老師和我擁有相同的熱情也有互補的特質，他的奮鬥故事與創業毅力在我的核心圈水平中有著相當重要的激勵，而他的專長也正是我所該學習模仿的。我們的互補特質，為來自各領域的個人成長與企業需要，成為最完美的組合。這個組合現在還開發出海內外的各種訓練與向全球 500 大學習，有興趣的人可以加微信 ID：global7 去了解一下。

✿ 我的多國語言模仿對象——巴斯田

核心圈的人物，不是你所要仿效或是尊重、敬佩的對象，就是與你一起學習、分享、共同成長的知己，時刻銘記他們在你人生中所帶來的衝擊。

Bachir Bastien，中文名叫巴斯田，是我的海地朋友，教授多國語言，精通中文、法文、西班牙文、英文、海地語等多國語言，也是我的合作夥伴之一，常常與我分享善知識的心理學、時間管理、語言學、肢體語言學等多種資訊，他的故事與專業背景值得在此一提，下面收錄他發表的文章。

　　我定義自己就是在人群中扮演點燃起最多可能性的那束火花。我出生在海地，母親獨立把我扶養長大，自從出生以來，我的生活就是一連串的掙扎。我的父親拒絕我的出生，甚至在我出生之前就離開了家。在撰寫本文時，我對他的印象僅來自於一張照片。我母親的掙扎和痛苦成就了今日紀律嚴明及努力不懈的我。我決心用那些悲傷的故事把我帶到生活的高峰，同時激勵跟我有同樣遭遇的人。我深信，我們的過去影響著我們的現在，但只要我們決定改變，我們的未來可以變得不一樣。這種信念促使我成為家裡第一位擁有中文碩士學位的人。在國際上發表論文，特別是在台北和東京。2018年，我在 LinkedIn 發表了一篇關於目標設定的文章，在有關目標設定的文中，這篇成為最受歡迎的文章之一（確切地說，有 21,000 多人觀看過）。最近正刊載於 Addicted2Success 臉書、《*Toastmasters*》雜誌和《海地時報》上。

　　以下為原文：

Being the sparkle that will ignite the fire of possibilities in as many people as possible is how I define myself. I was born and raised in Haiti by a single mother. My life has been a succession of struggles since birth. Having refused my dad's request to abort the pregnancy, my dad left the house even before I was born. At the time of this writing, the only image I have of him is from pictures that I've been shown. My mom's struggles and pain have inspired the disciplined and laborious individual that I'm today. I'm determined to use those sad stories to carry me to great heights in life, and at the same inspire others to do the same. I'm convinced, our past may influence our present, but it doesn't determine our future if we don't want it to. That philosophy has motivated me to become the first person in my entire family to have a master's degree in mandarin from a foreign country. Speak internationally, notably in Taipei and Tokyo. In 2018, I've published an article on goal-setting on LinkedIn that became one of the most viewed articles on goal-setting (21,000+ views to be exact). I'm currently featured on Addicted2Success, *Toastmasters magazine,* and the *Haitian Times.*

〈如何通過 5 個簡單的步驟克服公眾演講恐懼〉

害怕公眾演講，也稱為言語恐懼症（字面意思是對舌頭的恐懼），是人們在公開演說時所經歷的憂慮。據報導，每4個人中就有1人在向觀眾展示創意時，會有某種焦慮。無論個人或專業背景如何，能夠自信地、辯才無礙地交流想法是至關重要的。傳奇投資家暨慈善家沃倫·巴菲特（Warren Buffett）認為，掌握公眾演講的技巧對於推動一個人的職業生涯是至關重要的。

在尋找如何控制公開演講時產生恐懼的方法過程中，我開發了一個有效且易於遵循的五個步驟，將你的怯場從敵人

轉變為朋友。相較於那些承諾完全消除怯場的其他文章，我提出了一套不同的原則，如果持續性應用，就可以幫助任何人愛上公眾演講。但在深入主題之前，有幾個重要的問題要回答。為什麼我們害怕在公共場合發言呢？什麼是公眾演講恐懼呢？

〈How to Overcome Stage Fright in 5 Simple Steps〉

Fear of public speaking, also known as glossophobia (which literally means fear of the tongue) is the apprehension that one experiences when speaking in public. It's reported that 1 in every 4 individuals reports some sort of anxiety when presenting ideas in front of an audience. Regardless of one's personal or professional background, being able to communicate ideas confidently and eloquently is of utmost importance. The legendary investor and philanthropist Warren Buffett argues that mastering the skills of public speaking is essential to advance one's career.

In the process of finding ways to keep my fear of public speaking under control, I've developed an effective and easy-to-follow five-step process to transform stage fright from a foe to a friend. Unlike other articles out there that promise the complete eradication of stage fright, I'm proposing a set of principles, if applied with consistency, can help anyone enjoy public speaking despite their fears. But before we dive deeper, it's important that few questions be answered right off the bat. Why are we so afraid to speak in public? What is stage fright?

為什麼我們要如此害怕公眾演講呢？

　　許多科學家試圖破解公眾演講恐懼症的謎團。例如，歷史學家聲稱，恐懼症可能具有根深蒂固的生物印記。從歷史上看，不法分子在大眾面前受到懲罰和羞辱。從此以後，從進化的角度來看，站在觀眾面前表示違法行為。儘管如此，其他科學家仍然指出了各種各樣失敗的恐懼，而這些恐懼可能是怯場的導引。這些擔憂可分為內部和外部恐懼。害怕尷尬，害怕犯錯，害怕對別人不夠了解是內心恐懼的例子。外部恐懼是與觀眾和整體言語背景本身相關的恐懼。害怕麥克風無法正常運作，擔心觀眾比我們了解更多之類的。有很多的成因組成，但我需要知道什麼來克服自己對公眾演講的恐懼？

Why are we so afraid of public speaking?

Many scientists have attempted to decipher the mysteries surrounding the fear of public speaking. For example, historians purport that glossophobia may have deeply ingrained biological imprints. Historically, outlaws were punished and shamed in front of large audiences. Henceforth, from an evolutionary standpoint, standing in front of an audience signals transgression. Still, other scientists point to a wide array of fears of failure that are the possible triggers of stage fright. Those fears can be categorized

into internal and external fears. Fears of embarrassment, fear of making mistakes, fear of not knowing enough among others are examples of internal fears. External fears are those that relate to the audience and the overall speech context itself. Fear of microphones not working, fears of the audience knowing more than we do, etc. Enough of causes, what do I need to know to overcome my fear of public speaking?

公眾演講恐懼症的兩個主要成分

公眾演講包括特徵和狀態。公眾演講恐懼症的特徵是那些曾在公共場合說話時，所經歷過的急性焦慮，且隨著時間的進展而仍然會保持這種情緒的人的特徵。公眾演講恐懼症的狀態組成為觀眾的特質和演講活動性質的錯綜複雜而產生的焦慮。例如，更多的人群、更專業的參與者，或更正式的環境可以表現出更高的焦慮水平。我經常親自體驗這種現象。走進一個全是七歲孩子的房間演講，與我在一群成年的專業人士，且大多數人都比我更有資歷的情況下進行國際演說，兩者情況是大不相同的。我可能會因為口誤、資料錯誤或有爭議的談話而被請出或面臨挑戰，我確實會遇到更大的壓力。

The two main components of glossophobia

Public speaking apprehension encompasses both a trait and a state component. The trait component of glossophobia involves the characteristics of those individuals who experience acute anxiety when speaking in public and tends to remains like that over time. The state component of glossophobia represents the anxiety that arises with the intricacies of the audience and speech events. For example, a bigger crowd, more professional attendees, or a more formal circumstance can spell in higher levels of anxiety. I experience this phenomenon firsthand on a very regular basis. Stepping into a room full of seven-year-olds is very different than when I speak internationally in front of professional adults most of whom have much greater credentials than me. Knowing that I might be called out or challenged for a slip of the tongue, errors of facts, or controversial statements, I do experience more intense pressure.

我如何應對公眾演講的恐懼呢？

現在，你可能會問：「如果我更多地識別出恐懼症的特徵成分，是否有可能應對怯場？」、「如果我的恐懼與怯場的狀態成分匹配，那麼仍有可能（戰勝恐懼）嗎？」是的，是的。在舞台上充滿信心地說話並不意味著完全沒有恐懼，也不僅僅是對少數不幸的人保留的詛咒。每個人在生活的某個階段都經歷某種怯場。你知道前美國總統約翰‧甘迺迪和前英國首相都非常害怕公眾演講嗎？儘管他們擔心，他們仍能鼓起勇氣，與世界分享他們的信息。無論你的怯場嚴重程

度如何，這篇文章所介紹的技巧都能幫助你平靜神經並且有自信地分享你的信息。你需要的只是正確的心態、決心和堅定的行動。

How do I cope with my fear of speaking in public?

Now, you may ask: "Is it possible to cope with stage fright if I identify more with the trait component of glossophobia?" "What if my fear matches the state component of stage fright, is it still possible?" YES, and YES. Speaking with confidence on stage doesn't mean the total absence of fear nor is it a curse reserved to only a handful of unfortunate individuals. Everyone experiences some sort of stage fright at some point in their lives. Did you know that former president John F. Kennedy and former British prime minister were extremely fearful of public speaking? They were able to muster the courage and share their message with the world despite their fears. Regardless of the severity of your stage fright, the techniques presented in this article will help you calm your nerves and share your message confidently. All that is required from you is the right mindset, determination, and consistent actions.

1. 成功可視化

我們經歷的大量恐懼源於我們腦海中持續的自我消極對話。在我們頭腦中發生的那些負面形象影響著我們對公眾

演講恐懼症的認知。像是這樣的想法：我認為我無法做到；我要忘記我的筆記；是什麼讓我覺得人們想聽我說話？嘗試對抗那些負面的內部對話的第一步，是通過我稱之為「成功可視化」的方式。這是一個眾所周知的科學證明事實，要對抗消極的自我對話，最好的方法就是利用積極的自我對話。找一個安靜的地方，在那裡你可以不受干擾至少 15 分鐘，創造一個完整成功的演講心理形象。看到觀眾歡呼和學習，看到設備正常運作，看到自己分享想法充滿信心的畫面。總之，沒有人去聽演講會期望看到演說者出糗。專注於你想要的（成功），而不是你所害怕的。就像 Robin Sharma 所說的：「每件事都會被創造兩次，首先在頭腦然後在現實中。」想像成功，體驗成功。

1. Success Visualization

A great deal of the fear we experience stems from the negative self-talk that goes on in our minds. Those negative images that go on in our head characterize the cognitive manifestations of glossophobia. Thoughts such as I don't think I can do it; I'm going to forget my notes; what makes me think people want to listen to me? etc. The first step in trying to counter those negative inner dialogues is through what I call Success Visualization. It's a well-known scientifically-proven fact that the best way to counter negative self-talk is with positive ones. Find a quiet place where you can be undisturbed for at least 15 minutes, create a mental image of the speech being a complete success. See the audience cheering and learning, see the equipment working properly, see yourself sharing your idea with confidence. After all, no one goes to a speech to see a speaker embarrass themselves. Focus on what you want (success), not what you dread. Like Robin Sharma said: "Everything is created twice, once in the mind and in reality." Visualize success, experience success.

2. 有目的性的實踐

你有多少次聽過「熟能生巧」這個善意的建議？你可能會想，「我一遍又一遍地練習，為什麼我沒有改進？」我們被告知要練習，但沒有人告訴過我們怎麼做。在安德斯・愛立信的暢銷書《峰》中，引入了有目的性實踐的概念，他將其定義為一個專注於明確定義和具體目標的過程。過去我們所做的一切都被稱為「盲目」練習，重複一項特定的任務並期望藉此能變得更好。那種做法對於公眾演講非常無效。要成為一名有效的公眾演講者，需要掌握無數的技能。因此，有目的性的練習是正確的方法，因為它允許你一次專注於一項技能，及時了解什麼是奏效的或什麼是起作用的。始終練習都要設定心中的目標！

2. Purposeful Practice

How many times have you heard this well-intentioned

advice: "Practice makes perfect"? You might wonder, "I've practiced over and over again, why am I not improving?" We've been told to practice, but no one ever told us how. In his bestselling book *Peak*, Anders Ericsson introduces the concept of purposeful practice that he defines as a focused process toward a well-defined and specific goal. What we're all engaged in is called "naive practice", which is repeating a particular task and expecting to get better. That kind of practice as it relates to public speaking is highly ineffective. There is a myriad of skills that need to be mastered in order to become an effective public speaker. As such, purposeful practice is the right way to go since it allows you to focus on one skill at a time with timely feedback on what is and what isn't working. Always practice with a goal in mind!

3. 能量逆轉

　　科學聲稱無論我們經歷興奮還是壓力，生理變化都是一樣的，我們的腎上腺釋放腎上腺素、去甲腎上腺素和皮質醇，它們是飛行或抗擊化學物質。從生理角度來看，準備好戰鬥，跟害怕、準備逃跑都是一樣的。因此，我們可以將因怯場而產生的同樣能量，對自己心靈調頻轉化到演講中。積極地運用肯定句，比如說「我很興奮！」、「我好棒！」可以幫助催眠你的潛意識相信你很興奮。我們的潛意識是客觀的，不會歧視，它沒有合理性，它接受為真，無論我們建議什麼，

它都會帶給我們什麼。幾個月前我參加了一個公眾演講研討會，演講者對上台的任何人說：「不要害怕」，我感到很困惑。難道我們不知道不要害怕嗎？我知道我不應該害怕，就是不知道該怎麼做！告訴上台的人不要害怕也沒什麼壞處，只是沒什麼用而已。生而為人會感到恐懼是正常的，但無論我們如何堅持不懈地告訴別人抵抗恐懼，都會帶來更多的恐懼。訣竅是要通過積極的肯定句做能量逆轉。積極強大的自我建議，讓它深入到我們的潛意識中，並以你的感受、思考和行動的方式去表現出來。永遠不要告訴自己不要害怕！總之，我的意思是永遠告訴自己你很興奮，可以開始搖滾了。

「上帝供應了風，但人們必須升帆。」——聖奧古斯丁

3. Energy Reversal

Science claims that we experience the same physiological changes whether excited or stressed. Our adrenal glands release epinephrine, norepinephrine, and cortisol which are the flight or fight chemicals. From a physiological perspective, being ready to fight, or afraid, ready to run away are the same. Henceforth, we can channel that same energy resulting from stage fright to psyche ourselves up for the speech. Positive affirmations such as I am excited! I rock! can help trick your subconscious mind into believing that you're excited. Our subconscious mind is impersonal, it doesn't discriminate, it doesn't rationalize, it accepts as true and brings to us whatever we suggest. I attended a public speaking seminar a few months ago, I was baffled at the lecturer saying: "don't be afraid," to anyone that came on stage. "Really?" "Don't you think I know that?" "I know I should not be afraid, I just don't know how not to be!" Telling people not to be afraid is useless at best and harmful at worst. It's human to experience fear, there's nothing wrong with that. Whatever we persist, telling someone to resist fear will bring about even more fear. The trick is to do energy reversal, by using positive affirmations. Positive powerful autosuggestions sink deep into our subconscious mind, and manifest themselves in the way you feel, think, and act. Never tell yourself not to be afraid! Well, I mean always tell yourself you are excited and ready to rock.

"God provides the wind, but man must raise the sails."

——St. Augustine

4. 行動

　　沒有一致和堅持的行動，就不可能獲得很好的結果。我們當中有許多人參加了演講、研討會和論壇，期望立即獲得一個理想的結果。但那樣是行不通的，過去不行，未來也是。我們沒有意識到的是，在舞台上看那些專家分享起來很輕鬆，但他們自己也必須採取系統化的行動。為什麼這些與你得到的結果有所不同？如果你沒有一個可以幫助你執行

計畫的架構，則前面三個所談的步驟對你就毫無意義了。知
識本身不會起效果，也不會帶來任何結果，知識加上有意
識的系統性行動才能達標。你將怎麼做呢？打算加入當地的
Toastmasters 俱樂部嗎？還是超越英語力俱樂部？你一週願
意使力多少次？你有支持小組嗎？你會閱讀這篇文章已經是
一個有力的證明，表示你已經受夠了公眾演講的恐懼，你需
要得到結果的。那麼，你為什麼不拿紙筆開始寫下你的下一
步呢？

4. Action

No great results are to be obtained without consistent and
persistent actions. Many of us attend speeches, workshops, and
seminars expecting to get the desired outcomes right away. It
doesn't work that way, it never did, and it never will. What we
fail to realize is that the expert who seems at ease on stage,
sharing useful tips, they themselves, had to engage in systematic
actions. Why should that be different for you? The three previous
steps mean nothing if you don't have a structure that you can use
to help you carry out your plan. Knowledge won't apply itself,
nor will it bring any result, knowledge coupled with deliberate,
systematic actions will. What are you going to do? Are you going
to join a local Toastmasters Club?or Beyond English Club? How
many times a week are you willing to get to work? Do you have a

support group? Your reading this article is a vibrant proof that you have had enough of stage fright, you need to get results. So, why don't you grab a pen and paper, and write your next action step?

5. 了解你的目的、觀眾和內容

在發表演講之前,你必須清楚地了解三件事:你的目的、觀眾和內容。但是,許多人在每一次的演講中都絲毫沒有想到自己是為何而說。首先,在一張白紙的最頂部寫下「為什麼我要這樣做?」確保你回答了這個問題或者類似聲明的形式:在演講結束時,觀眾將學會○○○,如果沒有給自己這樣的引導和給你的觀眾帶來有價值的目的,你就不要演講。

接下來,我和誰說話?在上台之前,有關受眾年齡層、文化背景和知識水平的基本信息取得是至關重要的。這些資料將使你能夠恰當地架構自己演講的信息,這樣你就可以吸引受眾群體,更有效地傳達你的信息。演說不是關於你,而是關乎觀眾。

最後,確保你掌握了內容。具體而言,開場引言、主要思想和結論,你都應該要非常熟悉。我們恐懼的部分原因是沒有做好充分的準備所產生的懷疑。在沒有完全掌握內容的情況下,永遠不要在觀眾面前呈現。完全掌握你的內容將增強你的自信心,進而減少你對公眾演講的恐懼。

5. Know your purpose, audience, and materials

Three things must be absolutely clear in your mind before

giving a speech: Your purpose, the audience, and your materials. But, many of us jump right in a speaking engagement without the slightest idea of why we are speaking. First, on a blank sheet of paper, at the very top; make sure you have this question answered: Why am I doing this? Or in the form of a similar statement: By the end of my speech, the audience will have learned... Without a purpose to give you direction and bring value to your audience, you don't have a speech.

Next, Who am I talking to? Before getting on stage, basic information about the audience's age group, cultural background, and level of knowledge is essential. Those insights empower you to appropriately frame your message, so you can engage the audience, and get your message across more effectively. Speaking isn't about you, it's all about the audience.

Finally, make sure you've mastered your materials. Specifically, the introduction, main ideas, and the conclusion should be very familiar. Part of why we are afraid results from doubts of not being fully prepared. Never get in front of an audience without having fully mastered your materials. Complete mastery of your materials will boost your self-confidence which will, in turn, reduce your public speaking apprehension.

我希望這些技巧能夠滿足你，像那些已經參加過我訓練

的許多人一樣。你願意去嘗試、失敗和改進的意願，將令奇蹟發生。我相信你現在已經意識到了，儘管你很恐懼，你所要做的就是將你的恐懼透過 S-P-E-A-K，將你的恐懼從敵人轉變為你的朋友。

我也誠摯地邀請你參與我的講座或訓練，請上臉書找 Beyond English Club 超越英語力俱樂部的相關訊息或搜尋 Line ID:global77 與我見面。

I hope these techniques serve you well as they have me and the many others who've attended my workshops. Your willingness to try, fail, and improve is what makes magic happens. As you may have realized by now, all you have to do to transform your fear from a foe to a friend is to S-P-E-A-K despite your fears.

I am more than happy to welcome you join my seminars or trainings. Please go FB to search "Beyond English Club" for more information or reach Line ID:global77.

一位有知識性、積極向上的核心圈人物水平所帶給你的高效率人生，是無法用金錢衡量的。現在你該想想看你的核心圈水平，他們的特質對你的學業或事業有多少幫助呢？需要更換核心圈的名單嗎？還是持續向他們學習呢？請完成寫下你自己的核心圈名單，並檢視他們的各項得分。

重設大腦程式語言，設定高效率目標

1979 年，哈佛大學曾經對它的商學院 MBA 學生做了一個調查：「有多少人，對未來設定出明確的目標？」當時的研究結果發現，有 84% 的人沒有明確的目標，13% 的人有明確的目標，但沒有寫下來，剩下的 3%，有明確的目標，而且有寫下來，甚至包含詳細的執行計畫。

十年之後，哈佛大學對當年的這群學生重新做了調查，有了重大的發現：原本 13% 有設定目標，但沒有寫下來的人，他們的收入比沒寫目標的人，平均高出 2 倍！3% 寫下目標並訂出明確執行計畫的人，他們的收入比沒寫下目標的人，平均高出 10 倍！

你可能會問，成就比別人高 10 倍，真的是因為把目標寫下來的緣故嗎？

曾經擔任過美國總統柯林頓、南非總統曼德拉、網壇巨星阿格西以及拳王泰森等諸多名人的教練，著作被翻譯超過 40 種語言的世界第一潛能激勵大師安東尼‧羅賓曾經說過：「你的大腦只能裝一樣東西，不是你所渴望的，就是你所恐

懼的。」他讓我們知道，在正面與負面兩種能量中，不是選擇前者前進自己的人生，就是讓恐懼占據自己的人生。如果你選擇要脫離平凡，讓豐富進入你的生活，就要讓快樂進入我們每一個學習的細胞，讓正面積極有能量的目標與夢想塞滿我們的頭腦。

目標 7	目標 8	目標 1
目標 6	想把什麼正面積極的目標塞滿大腦？	目標 2
目標 5	目標 4	目標 3

　　安東尼‧羅賓年輕時曾一度窮困潦倒，住在僅有 10 平方米大的單身公寓裡，洗碗用水都只能用浴缸洗，生活品質很糟，他的人際關係也很令人擔憂，對未來十分茫然。然而自從他無意間接觸了一堂潛能開發課程，發現內心蘊藏著無限的潛能之後，人生便開始有了一百八十度的大轉彎。如今的他是一位事業有成的億萬富翁，也是世界知名的潛能開發權威。他替國家元首、企業總裁、職業球隊激發他們內在的潛能，協助他們度過各種困境及低潮。美國前總統柯林頓、黛安娜王妃也曾聘他為個人顧問。南非總統曼德拉、前蘇聯總統戈巴契夫、世界網球冠軍阿格西等名人也曾向他尋求諮詢。如果他告訴我們，設定目標是實現潛能開發的動力來源，

我們何不開始動動腦，寫寫看呢？

7. 運動／興趣類	8. 榮耀類	1. 工作類
6. 旅遊類	**設定目標的方向**	2. 財富類
5. 人際關係類	4. 健康類	3. 學習類

　　這 8 格還可以無限的延伸與擴張，盡情寫下你追尋的方向，不用設限，經過問題的設定與反覆地思考，你會越來越清楚自己想要的東西，包含你要找的合夥人，甚至是你的另一半！

　　下面這個練習可以幫助不知道該如何尋覓另一半的人，去勾勒出理想對象可能的狀態：

7. 他／她的工作	8. 他／她的身心靈狀況	1. 他／她的外型
6. 他／她的家人	**理想中的另一半**	2. 他／她的興趣
5. 他／她的價值觀	4. 他／她的財富狀況	3. 他／她經常出沒的地方

　　如何達到減重的目標？以這個目標為核心延伸出以下 8 個問句，將啟動你的高效率目標思考法，焦點在哪，結果就會在哪！當你認真地思考後，你的細胞與潛意識已經開始工

作了。

7. 預期達到的數字，如體重、體脂肪、內臟脂肪、BMI？	8. 會成功的關鍵？	1. 我覺得舒服的減重方式？
6. 達到目標後的自我獎賞？	**我的減重目標**	2. 有誰可以陪我、幫我？
5. 我的減重動機與目的？	4. 施行時間？在哪個時間段進行？何時驗收？	3. 我的預算？經費來源？

將目標寫下來後，再配合以下幾個原則能讓你實現目標更具效率：

7. 寫下去哪裡宣誓	8. 可以隨時更改	1. 盡可能明確化、具體化、量化
6. 寫下願意付出的代價	**目標實現的高效率原則**	2. 面對現實，寫有可能達成的目標
5. 寫下可能會遇到的障礙及克服的方式	4. 有明確的執行計畫	3. 設定達標期限

1. 為什麼要把目標量化與具體化？你想像一下，你坐上了計程車，司機問你要去哪裡，如果你的回答是：「都可以啊！」那麼司機該帶你去哪裡？如果你清楚地告訴司機，現在要去台北101大樓，希望走市民大道高架橋、20分鐘內達到，司機會不會照你的規劃帶你到你想去的地方？

同樣地，如果你不知道自己要的另一半是什麼樣子的人，即使他們出現在你面前，你可能還在怨天尤人，為何真命天子／天女還不出現！即使你把夢想中的對象當作是你理想的另一半，也不無不可，夢想也可能會成真的，因為大腦分不清楚什麼是真什麼是假！

2. & 3. 面對現實、寫有可能達成的目標，並設定達標期限，你總不能說，你的目標就是明天登上月球，請問你的體能鍛練好了沒？你的登月資金準備好了沒？幫你服務的團隊找到了沒？人類上月球已不是夢想，它可以是能實現的目標，只是要考慮現實面，天底下上沒有意想天開的目標，只有意想天開的達成時間，只要合理，就有可能。

4. 有明確的執行計畫是根本，不能做白日夢，光想著卻不行動，只會讓你的目標與夢想淪為空談。假如你目標是要減重，但你只是成天嘴上喊著要減重，卻沒有真正落實飲食控制、規律運動、沒有營養師的提醒，沒有採取改變的行動計畫，目標只會離你越來越遠。

5. 一個業務員拜訪客戶，如果沒做好心理準備，被拒絕就像個預期外的打擊，心情必定大受影響，禁不住被拒絕幾次的玻璃心，從此放棄當業務員。但假設你在開口前，已經先有被拒絕的準備，那就算真的被拒絕，也是預期中的事，你的心情很快就能平復，繼續下一個客戶，進而達成長期的目標。事先理解會出現的障礙，至少不會因為一次

的失敗就打退堂鼓。

6. 如果你想要進入外商公司當一個管理級幹部，可是英文不夠好，那你願意付出多少代價把英文學好呢？是花 10 萬元在國內找家教補英文呢，還是花 100 萬元出國深造？或是去教會免費學英文？你預計要投入多少時間背單字？你想找多少外國人跟你練習？你要花多少精神增加自己的管理經驗？你願意付出哪些代價以換取目標的實現？天底下沒有不勞而獲的事情，越早明白這個道理，越能及早做準備。

7. 去哪裡宣誓？這麼做叫做公眾承諾，設定目標後要向大眾宣誓，除了能得到眾人的祝福、期盼、監督等力量外，也展示出你是認真不是隨便說說的，透過公開宣誓，你可以尋獲跟你目標一致的一群人，彼此督促，共同實現。一個人的力量非常薄弱，我們需要目標一致的人互相勉勵。

8. 可以隨時更改目標嗎？如果你的目標達成了，當然可以繼續其他的目標，如果你離目標只差一點距離，為了滿足自己的完成率，稍微修正讓自己提前達標也不為過。身為公司或團隊領導人，察覺到立下的要求過高時，為了提升員工士氣，可以運用合理的藉口來修正目標，讓大家重新找回渙散的軍心，不失為一個好方法。

　　除了上述的原則外，我還會抱持一種好事一定會發生的
心情來看待自己所寫下的目標。催眠大師馬修・史維說過：
「話語與思想具有驚人的力量，你的結果是你的話語與思想
天天催眠的最終表現。」我們要注意自己的用語與思想，每
字每句不是建造就是摧毀自己或他人，你的話語與思想的態
度，將會影響你的每個動作，進而可以預見你的未來！要成
為一個有格局、有願景的人，現在就要善用你的語言，想成
就偉大的夢想，就從現在開始，寫下讓你充滿力量、感覺良
好的 8 句話，重新啟動你的大腦對自己所下的命令吧！

7.	8.	1.
6.	**寫下讓你充滿力量、感覺良好的 8 句話！**	2.
5.	4.	3.

　　如果你習慣性地負面思考，說出來的話也是滿滿的負能
量的話，不妨就當自己在玩一個遊戲，試著對自己或他人說
些正能量的話，在 30 天、60 天，甚至 90 天過後，看看自己
的世界，哪裡有了變化。反正是個遊戲，如果結果是好的，
不就賺到了，如果沒什麼效果，你也就是那個樣，也不賠！

Chapter 2

找出左右腦密碼，
喚醒你的天賦

—— 首要之務是操練記憶力與大腦的聯結力

用對方法，
人人都可以成為超人

在潛能培訓中最常聽到的一句話就是：「想像是，假裝是，當作是，就會是！」我們的大腦分不清真假，因此你可以訓練自己的大腦想像你所要過的生活、想像要成為哪個領域的專家，假裝自己已經在這個範疇中扮演非常重要的角色，說的做的，即便是演的，真心且內外一致地相信自己所求的美好，當作自己滿心歡喜地接受這一切，要求自己，就會成為你想要的、全新的自己。

大腦先天就具備很多功能，可以吸收知識與訊息、懂得認識、判斷、推理、比較、概括、聯想、想像、創造發明、問題的解決、財富的創造等，大腦所表現出的絕大多數功能，並不是大腦先天就具備的功能，而是藉由後天所獲得的大量知識、經驗、技能以及各種訊息，交叉運用而產生出來的，所以，現在的你，其實就是過去的你所塑造出來的。

因此，你需要訓練自己的大腦能力快速升級，尤其處於現今資訊爆炸的數位時代，我們必須學習高效率技能來消化各種變化萬千的信息。我們大腦的記憶力是智力結構重要的

組成，也是智力活動的基礎。若想當個成功的企業家或學習專家，除了記憶力外，觀察力、思維能力、整合力、想像力與操作能力等，也都是影響你成功與否的現實因素，然而可嘆的是，這些能力，不論在傳統的學習制度、父母教育亦或是職場生涯中，都欠缺適當的操練。

在這眾多待提升的能力上，最容易上手且改善的，就是我們的學習吸收能力與記憶的能力，因為記不住的話肯定說不出來，也用不出來。

成功的人記憶力都不差！

美國總統林肯僅上過 4 個月的小學，卻有著卓越的口才與優異的文采，被喻為史上最偉大的美國總統。自幼開始，他在生母與繼母打造的自學環境下培養出卓越的聯想力、創造力、感受力、理解力與記憶力。而他過人的記憶力，讓他幾乎能將每場演講的演說稿倒背如流，奠定他成功演說家身分的基礎。

美國石油大王洛克斐勒是史上最富有的實業家與慈善家，至今無人超越。高中沒畢業的他，靠著勤奮的筆記記下每筆父親交代的商學資料，一步步邁向成功。臨終時，他傳給孩子一句話：「成功不一定靠記憶力，但我敢說我的記憶力比你好！」

不說你可能不知道，鋼鐵大王卡內基曾經是個自卑者，

如今卻是全世界最偉大的激勵師、企業家。他說過：「不能思考的是愚者，不願思考的是盲者，不敢思考的是奴隸！」他靠反覆的練習，記憶每個失敗與成功的關鍵。他同樣沒有顯赫的學歷背景，卻靠著條理分明的思維與反覆的記憶，成了世界第一。

《史記·秦始皇本紀》記載：「天下之事，無大小皆決於上，上至以衡石量書，日夜有呈，不中呈不得休息。」秦始皇每天必需處理的「書」竟然超過 30 萬字。這個閱讀量無疑揭示了他的記憶量！

如果你想要讓人覺得你比他們更有智慧與能力，增加自己的記憶量是有幫助的，因為科學家已經證實，智商的高低與記憶量的多寡有明顯的關聯！

想變聰明？快來發現愛因斯坦的祕密

歷代名家如義大利詩人但丁，他的大腦重量為 1,420 克；被評為歷史上十大天才的德國數學家高斯，大腦重量 1,492 克；愛因斯坦發明相對論，被譽為近代最偉大的科學家與發明家，他的大腦重量有 1,230 克。從數據來看，這些聰明人士的大腦重量與尺寸相較於一般人的大腦（約 1,300 ～ 1,400 克），並沒有太大差別；相反的，世界上記載最大的大腦有 2,850 克，遠超過許多成功人士，然而大腦的主人卻是個白癡。

　　在這些頂尖人物當中，唯有發現愛因斯坦的大腦頂葉比一般人大 15%。而頂葉的功能主要處理五感的吸收，並影響數學、邏輯的思考，同時也和**語言**、**記憶**等功能有關，愛因斯坦大腦的另一發現，是其支持神經元活動的星狀細胞比例遠較一般人多，代表他的大腦對於訊號傳遞、互相聯結的反應非常迅速。

　　總之，至今尚未證實腦袋大的人就是聰明或是記憶好！一個人的智力如何，主要是大腦對訊息的接收度與受刺激的多寡有關。如果你渴望擁有愛因斯坦的部分才智，訓練自己的大腦與記憶力的聯結能力是目前首要功課。

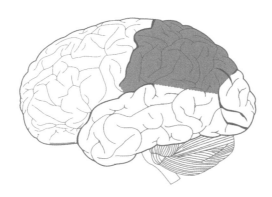

圖 2-1 大腦頂葉圖

—— 運用曼陀羅九宮格找出你的致勝關鍵

2-2 8 問句 64 答案，找出你的優勢

曼陀羅思考法來自梵語「Mandala」，意思就是「獲得本質」或「具有本質之物」。其最主要的理論是依據「放射性思考法」和「螺旋狀思考法」二種方式來進行學習層次提升的思考策略。

經過學者研究，以曼陀羅思考法勤做筆記來精進學習的人，可以讓自己逐漸累積的知識換化為智慧，並時常評估自己的學習成果。而曼陀羅的網狀組織所造就的世界，脫離以往直線思考的束縛，涵蓋一切空間，與大腦高倍速學習的模式有相呼應的功能。

「放射性曼陀羅思考法」由八個方格產生的問題或答案，可以再繼續延伸，激盪出無限創意，培養創造思考的能力！

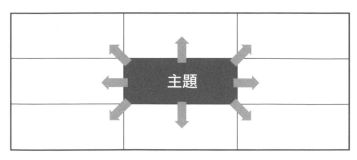

圖 2-2 放射性曼陀羅思考法

「螺旋狀曼陀羅思考法」所轉化出的思考方式，大多用在有前因與後果的發展關係上，由格子1發展到格子8的過程（如圖2-3所示），或者是有關做事的方法步驟、事情的發生順序，以順時鐘方向推進思考，在獲得結論前需經過的七個步驟。

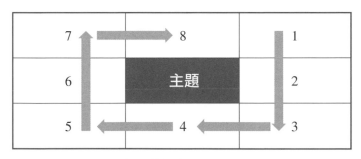

圖 2-3 螺旋狀曼陀羅思考法

這兩種曼陀羅思考法的運用，可以開啟我們的智慧，加速聯想力，增益學習策略，對抓取文章重點、目標設定、自我探索、提升心靈等方面，得到啟發。特別適合用在寫文章、企畫案、問題解決、時間規劃、創意發想與各項主題管理上。

鼎琪老師高效率練習題

以下有 8 個問題，就請大家用「放射性曼陀羅思考法」，激活你的大腦，每個問題都有 8 個答案，你要激發自己的直覺力將空格填滿，8 題共計 64 個答案，請試圖喚起自己內心發出來的訊息，並將它們記錄下來。每個問題請在 5 分鐘內寫完，訓練自己的直覺力所反應出來最自然的答案，藉由這個訓練，你將會發現自己的天賦與優勢，找到你的人生方向，與用來規劃未來的藍圖線索。那就事不宜遲，開始動筆練習你的直覺力吧！

【示範練習】

票房	娛樂	視覺刺激
購票	說到電影，你會聯想到哪些？	音效
爆米花	休閒場所	劇情

	①我在哪8件事情 上最顯耐心？	

	②哪8件事我做的 比別人又快又 好？	

	③做哪些事情可以 讓我自動自發？	

	④別人最常稱讚我 　的事是哪些？	

	⑤聽到哪些事最能 　激勵、感動我？	

	⑥五年後的我會有 　哪些傑出表現？	

	⑦我不能接受自己在哪些方面退步？	

	⑧如果想像不設限，我最想成為什麼樣的人？	

　　有一句英文是這麼說的：「Work hard but work smart.」成功的前提是要勤奮不懈地努力，但是更要聰明地努力，才能事半功倍！我們如果可以挖掘出自己的天賦，將自己的優勢發揮到淋漓盡致，就能用最省的力氣讓自己發光發熱，成就許多不平凡的事！

　　多少明星因為一首歌紅遍全世界，多少球星因為打贏一場球變成世界知名人物，多少畫家因為一幅畫名留千史。而你呢？要在自己的弱點上垂頭喪氣，還是選擇發揮自己的專長，在充滿快樂、自信的氛圍中成長？聰明的你，心中應該早有答案了。

　　如果對上面九宮格八個答案的練習需要更精準的指引，歡迎寫信到鼎琪老師的信箱 cqmindcindie@gmail.com 洽詢細節。

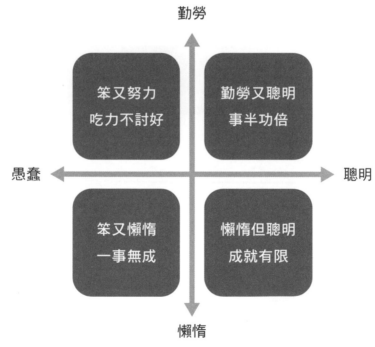

圖 2-4 四種人格特質與成就的達成

——讓大腦輕鬆幫你工作，戰勝 AI 人工智慧

2-3　找出優勢腦，賺回 N 倍的時間與財富

1981 年，美國心理學家 Roger Sperry 博士發現人類大腦的左右半球分工明顯，且在學習功能上有著不同的卓越表現。他因這項研究獲得諾貝爾生理醫學獎。Sperry 博士研究人類大腦近 40 年，證明出左右腦各司其職的功能如下：

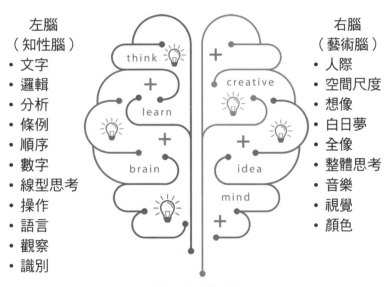

左腦
（知性腦）
• 文字
• 邏輯
• 分析
• 條例
• 順序
• 數字
• 線型思考
• 操作
• 語言
• 觀察
• 識別

think learn brain creative idea mind

右腦
（藝術腦）
• 人際
• 空間尺度
• 想像
• 白日夢
• 全像
• 整體思考
• 音樂
• 視覺
• 顏色

圖 2-5 左右腦功能

左腦掌管語言，以語言來處理訊息，把進入到腦內，我們所看到、聽到、摸到、聞到、嚐到，也就是視覺、聽覺、觸覺、嗅覺、味覺這五感接收到的訊息，轉換成語言傳達。因為使用語言的處理方式是屬於「直列處理方式」，訊息是一關一關按照順序處理，必須通過了前一關，才能進到下一關，這種以少量多次理解，最後將訊息堆積起來的方式，所能處理的訊息非常有限。左腦因為是以語言處理訊息，控制了知識、判斷力、思考力，因此又被稱為「知性腦」。

右腦以圖像思考和記憶為主，將我們感官所看到、聽到和想到的事物，全部圖形化思考並記憶，這和左腦是將看到或聽到的事物全部以語言方式來記憶，有很大的差異。右腦控制著自律神經與宇宙波動共振，由於是圖像記憶，因此又被稱為「藝術腦」。舉例來說，慣於使用右腦的人，短時間的接觸他人之後，便能夠記得對方衣服的顏色、花樣和全身造型等各種細節，相對地，使用左腦的人，在記憶他人外在裝扮上，只能留下一些模糊的記憶。

右腦掌管思想，當它收到訊息時，會將訊息轉化成圖形或影像來處理。因為是以圖像傳達訊息，所以大腦處理的時間十分快速，僅需幾秒鐘的時間，並且能把大量的訊息一次處理完成。右腦這種能力可以廣泛地活用於語言的學習或增進速讀能力等方面，如果你也能擅用右腦，各種考試或日常應用都將易如反掌。

想像一下，如果你是超級左腦人，當你的顧客聽完你一個小時的產品介紹後，你覺得他購買產品的意願會高嗎？假設你是一位左腦人，你的孩子是彈性又有創意的右腦人，你時時刻刻用死板的教條與課綱叫他死記硬背、逼他參加各種考試，這位未來可能的天才，最後將會變得如何？

一對夫妻，如果先生是只在乎數字與文字、強調數據與邏輯的超級左腦人，而太太則是重視五感、情境、旋律的藝術人，長久的相處下來，你覺得他們之間的溝通會順利嗎？如果能了解左腦思考與右腦思考的差異，針對不同的人對症下藥，如此一來，不論你的人際關係、溝通、表達，銷售成績、收入、升遷、談判技巧與行銷技能上，都將獲得無比的成效。所以了解自己的優勢腦，了解你自己，並了解你與他人的不同之處，你將無所不能。

如果能更進一步，達到左右腦全腦使用，這也就是鼎琪老師 20 年來的訓練專長，全球已有 20 萬名從 10 歲到 88 歲的學員從中獲益，他們全都是經過全腦啟發的人，因此不論在表達能力、思考邏輯、財富收入或是學業成績上，都比訓練前表現得更好。

以下有三組短句，每組各有 A 與 B 兩個短句，我們就來看看在語言表達上每組的 A 與 B 有什麼不同。

1. A 我喜歡旅遊。

　B 我喜歡到海拔 3,000 公尺高的綠野曠地騎馬。

2. A 這個東西很有效。

B 這個綠色東西十年來有 20 萬人用過，96% 的人說有效。

3. A 我的主管人超好的。

B 我的主管是個兼顧 30 個家庭生計，幫助弱勢團體維持生活的好主管。

上面 3 組中的 A 與 B，你有沒有發現有哪裡不同？如果同樣在表達一件事情，哪一個比較符合經過大腦訓練的結果？哪一個能更精準傳達意思？哪一個更有經過思考的溝通能力？答案其實不言而喻，這就是鼎琪老師強調也是專業的地方，強化全腦的開發，讓你事業、學業雙業共好！

接下來我們就來簡單做個左右腦自我認識的檢測吧。

鼎琪老師高效率練習題

◎請用直覺作答，不須太多的分析與思考，如果遇到 A 與 B 兩種情況都有，或都沒有，則請空下不填。

【左右腦簡易分析】

1. A 我對時間很沒概念、甚至沒注意時間一下子就過去。

B 我很在意時間，時間的掌控對我來說很重要。

2. A 物歸原位對我來說很重要。

B 東西只要找得到，放哪兒其實沒關係。

3. A 我憑感覺行事，感覺對了，不用想太多就去做。

B 採取行動之前，我會先分析這個想法好或不好。

4. A 說話或寫作時，我傾向直述重點。

B 說話或寫作時，我常隨性表達，不認為自己必須遵守任
何約定。

5. A 我喜歡隨興做事。

B 我喜歡深思熟慮並計劃好要做的事。

6. A 在體重失控之前，我嚴格限制自己的飲食習慣。

B 我想吃就吃，從不擔心，除非體重、血糖、膽固醇已經
完全失控。

7. A 我喜歡把文件堆在我看得到的地方。

B 我喜歡把文件建檔。

8. A 我以主題將文件分類。

B 我喜歡用顏色來區分文件。

9. A 別人說我老是慢半拍。

B 別人說我太沒耐性。

10.A 我喜歡丟掉不用的東西。

B 我喜歡保持東西以備不時之需。

11.A 如果別人的東西擋住我的路，我會跨過去。

B 如果別人沒遵守我整齊的標準，我會很不高興。

12.A 花時間玩樂我辦不到。

B 如果我想做馬上就要做，我不想讓任何人破壞我的興
致，即使事後我也不會後悔。

✐【統計檢測結果】

STEP *1* 請將奇數題 1、3……11，選 A 的話請將題號填入甲中。

STEP *2* 請將偶數題 2、4……12，選 B 的話請將題號填入乙中。

STEP *3* 將甲內的數字相加得出 (A)，乙內的數字相加得出 (B)，最後將 (A)(B) 兩個數字相加結果，填入丙中。

1 ＋ 3 ＋ 5 ＋ 7 ＋ 9 ＋ 11 = (A)	甲
2 ＋ 4 ＋ 6 ＋ 8 ＋ 10 ＋ 12 = (B)	乙
(A) ＋ (B) =	丙

✐【測驗結果分析】

　　丙的數字若未滿 6，表示你比較偏向左腦思考與習慣左腦式的學習；丙的數字若超過 6，表示你比較偏向右腦式的思考與學習。丙的數字若剛好落在 6，代表你目前接收的訊息在左右腦都可以適切地運作。

　　大多數人都不曉得可以使用右腦式的學習方法，往往只用自己的左腦不斷填鴨式地強記死背，不但效果有限，往往也抹煞了學習的興致。如果能早一點知道自己的優勢腦為何，掌握右腦的學習開關並開啟它，學習成效將自然而然地

彰顯出來。如果你一向慣於左腦工作，剛開始學習習慣的改變將會令你很不習慣，因為你需要多一點的時間去適應右腦所帶給你的快速、大量、靈活的訊息接收方式。只有願意改變，拋開舊的思維與作法，才有可能產生新的結果！大膽嘗試新路徑，才能帶你脫離現在的古道！

　　當你知道自己與他人大腦的認知與訊息的接收是不一樣的時候，這個時候就更要跟著鼎琪老師，一起來探索高效能大腦與商戰革命腦能如何帶著你看見不一樣的自己，啟動全腦就是現在！

左腦

思考邏輯
批評分析
理解歸納
組織計畫
數值量化
條理分明

美感想像
情緒起伏
聯想圖像
靈感創意
空間結構
感受知覺

右腦

——讓你的學習吸收力高於一般人 3 至 5 倍

2-4 大腦升級前置作業
——啟動記憶力

當你找到自己的左右腦優勢後，再來分析了解一下，在你的記憶區塊中，對於文字、數字、圖像、符號或聲音等吸收程度如何，探索自己的記憶能力優缺點。經常做這樣的練習，每天操練大腦 15 至 30 分鐘，你的記憶力一定會有驚人的成長。

每天我們走路的時候，無形當中都在訓練自己腳部的肌肉，我們每天用手提物、寫字，也在不知不覺中訓練到手部的功能。然而，這個掌管我們全身的大腦，與跟我們學習最為密切的記憶力，卻沒有受到天天練習與適當的刺激，久而久之，很多功能因長期未使用而退化，逐漸失去了它們的特性。因此，我們必須時時刻刻訓練我們的大腦，以便能夠快速吸取新知，如此不但能增強我們的記憶力，也能讓我們的思緒更清晰，工作起來更有效率。

以下幾個記憶大考驗，從作答過程當中，可以讓你清楚知道自己還有多少進步空間，同時，也幫助你了解，你的左右腦是互相支援還是獨立運作互不干涉？

鼎琪老師高效率練習題

碼錶準備好！自我檢測記憶大考驗，每項測驗只有 3 分鐘時間，測驗自己的記憶表現與專心度。

①請記憶下列 8 組共 40 個數字亂碼：

| 29103 | 25785 | 29074 | 30921 | 02204 | 48562 | 91267 | 58491 |

將上列數字遮住，再回憶作答：

_____

每正確寫出一個數字得 2.5 分，滿分 100 分。

小計_____分

②請記憶下列文字訊息：

雜誌社	信用卡	橡皮筋	頑皮豹	直升機
雜貨店	保齡球	洗手台	電子琴	游泳圈
玻璃瓶	多倫多	跳格子	水龍頭	糖葫蘆
礦泉水	衛生衣	理髮師	舞蹈家	電磁爐

將上述文字遮住，再請回憶作答：

_____

_____

_____

_____

每正確寫出一組名詞得 5 分，滿分 100 分。

小計_____分

③請按照順序記憶編號與溪名訊息（(1)最北……(10)最南）：

(1)淡水河	(2)頭前溪	(3)後龍溪	(4)大安溪	(5)大甲溪
(6)大肚溪	(7)濁水溪	(8)北港溪	(9)朴子溪	(10)巴掌溪

將上述文字遮住，再請回憶作答：

_____

_____

_____

_____

每正確寫出一組編號與溪名得 10 分，滿分 100 分。

小計_____分

④請記憶下列歷史年鑑與事件訊息：

1876	貝爾發明電話
1903	萊特兄弟第一次飛行
1886	發明可口可樂
1842	南京條約
1895	馬關條約

將上述文字遮住，再請回憶作答：

_____

_____

_____

_____

每正確寫出一組年代與事件得 20 分，滿分 100 分。

小計_____分

⑤請記憶下列五組的人名、面貌與職業：

巴斯田	Miranda	Martin	王友本	洪豪澤
心理學家	青創家	咖啡師	顧問	企業 CEO

將人名與職業遮住，請由臉孔回憶作答：

_____

_____

_____

_____

每正確寫出一組人名與職業得 20 分，滿分 100 分。

小計_____分

⑥請記憶下列中英文單字：

nostalgia 思鄉的	pickpocket 扒手	skyscraper 摩天樓	truculent 兇狠的	precise 精準的
pawnshop 當鋪	tap 水龍頭	landlord 房東	incite 煽動	ambulance 救護車

將上述訊息遮住，請依下列提示進行中翻英或英翻中：

_____	precise	_____	ambulance	_____
扒手	_____	房東	_____	思鄉的

每正確寫出一組中翻英或英翻中得 20 分，滿分 100 分。

小計_____分

⑦請記憶詩詞：

> 宋／歐陽修〈訴衷情・眉意〉
> 清晨簾幕卷輕霜。呵手試梅妝。
> 都緣自有離恨，故畫作遠山長。
> 思往事，惜流芳。易成傷。
> 擬歌先斂，欲笑還顰，最斷人腸。

將上述詩詞遮住，再請回憶作答：

_____

_____

_____

_____

_____

_____

每正確寫對一小段詞得 10 分，共 10 小段，滿分 100 分。

小計_____分

⑧請記憶下面行程表時間：

07:00	搭公車 913 號	13:30	學電腦
08:00	背英文單字 20 個	14:45	買蛋糕
09:30	去買電腦	15:30	打電話
10:45	繳罰單	17:30	買原子筆
11:50	信義路吃午餐	19:00	學鋼琴

請回憶空格內訊息：

07:00	_____	13:30	_____
____	背英文單字 20 個	____	買蛋糕
____	去買電腦	15:30	_____
10:45	_____	____	買原子筆
____	信義路吃午餐	19:00	_____

以上 10 個空格，每答對一個空格得 10 分，滿分 100 分。

小計_____分

⑨請記憶以下化學元素的中文、英文及序號：

19	29	12	24	34
K　鉀	Cu　銅	Mg　鎂	Cr　鉻	Se　硒

請回憶空格內的訊息：

19	___	___	24	34
___　鉀	Cu　銅	Mg　鎂	Cr　___	___　硒

以上 5 個空格，每答對一個空格得 20 分，滿分 100 分。

小計_____分

⑩請記憶以下國語注音與註解意思：

【劦】注音ㄒㄧㄝˊ	意義：合力、同力。
【羴】注音ㄕㄢ	意義：同「羶」字，羊身上的臊味。
【瞐】注音ㄇㄠˋ	意義：美目；目深。
【馫】注音ㄒㄧㄣ	意義：香氣；香味遠聞，同「馨」字。
【孨】注音ㄓㄨㄢˇ	意義：謹慎，同「孱」字；孤兒。

請回憶空格內的訊息：

【＿＿】注音ㄒㄧㄝˊ　　意義：合力；同力。

【羴】注音＿＿＿＿＿＿　　意義：同「羶」字，羊身上的臊味。

【瞐】注音＿＿＿＿＿＿　　意義：美目；目深。

【馫】注音＿＿＿＿＿＿　　意義：香氣；香味遠聞，同「馨」字。

【孨】注音＿＿＿＿＿＿　　意義：謹慎，同「孱」字；孤兒。

以上 5 個空格，每答對一個空格得 20 分，滿分 100 分。

小計＿＿＿＿＿＿分

10 個測驗完成，總計＿＿＿＿＿＿分！

✏【測驗結果分析】

　　這 10 道測驗需要在限定時間內作答完畢，藉此激發你的大腦運作，從中檢測你的學習速度、記憶的精準度，以及接收訊息的過程中所產生的情緒反應。

　　統計測驗結果，若總分未超過 300 分，非常建議你繼續研讀本書，並將書中的每項練習操練數遍；若總分落在 500 分左右，恭喜你，本書可以成為你大腦升級的最佳小幫手！如果總分超過 800 分，接下來你要挑戰的是與時間賽跑，成

為秒速記憶的學習家，學會廣泛運用這些技巧，如果想要更有系統地提升自我學習能力，歡迎臉書搜尋「鼎琪高效能學府」或上同名官網（https://tingchiwang.com）關注更多訊息。

【檢測你的記憶類型】

　　每個人都有自己獨特的記憶類型，大致可以區分為視覺型、聽覺型、動作型與混合型四型。現在就來看看下列描述，找出你是屬於哪一種記憶類型吧！

1. 視覺型：

- 你對顏色很有感覺？
- 你對形狀很有感覺？
- 你喜歡看到圖像畫面？
- 你吸收資訊一定要看到東西，才有安全感？

大致上，我們的記憶有 70% ～ 80% 都是視覺型的。

2. 聽覺型：

- 你的音感很好？
- 你有很強的節奏感？
- 你對旋律很容易上口？
- 你聽見聲音就可以吸收資訊？

3. 動作型：

- 你的手很靈巧？
- 你對於身體或手作技能都能清楚吸收？
- 你對動作的記憶很有印象？

- 你要記憶的東西透過動態呈現即可被你記住？

4. 混合型：

含有上述視覺型、聽覺型與動作型的特性，缺一不可的記憶模式。舉例來說，你記憶訊息時，眼睛要看訊息，耳朵要聽到聲音或音樂，手或身體一定要動來動去，像是用手撥東西、剪報章雜誌，或是來回踱步等。

統計一下你是屬於哪種類型的學習者吧！在你唸書或獲取新知時，注意自己的記憶類型與學習模式是否能相輔相成？用對的大腦記憶模式，配合學習，可以幫助你事半功倍。同時，在人際互動上，你也會發現到，融入群體是如此簡單！

2-5 ──把握黃金複習時間 1-4-7

克服大腦「天敵」，學習機密大揭祕！

就算是世界第一的記憶大師、頂尖的數學天才，也逃不過大腦的天敵──遺忘，這是正常的現象，也是學習者必經的過程。既然躲不掉，不如正面迎接它的到來，也就是克服挑戰、面對現況。了解每件事情都有正負面、陰陽兩極、真偽及優劣強弱後，接著就是找到補強的方法去突破它。

德國著名的實驗心理學家赫爾曼·艾賓浩斯（Hermann Ebbinghaus）研究發現，學習之後，遺忘立即開始，而且遺忘的進展並不是平均一致的。剛接收完訊息後，遺忘速度最快，之後逐漸減緩。艾賓浩斯將實驗結果描繪成遺忘進程曲線（見圖 2-6），這就是著名的「艾賓浩斯記憶遺忘曲線」（The Ebbinghaus Forgetting Curve）。

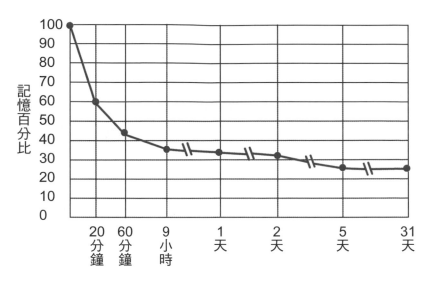

圖 2-6 艾賓浩斯記憶遺忘曲線

　　這個曲線的橫軸是一個人記憶訊息後的時間，縱軸是記憶後的資料保持度百分比。這個研究顯示，一般人在記憶 20 分鐘後，記憶過的訊息只剩下 58.2%，一天後只剩下 33.7%，六天後僅存 25.4% 左右。從表 2-1 可以明顯看出，大腦遺忘訊息的速度有多麼驚人！

時間間隔	記憶量多寡
剛記完訊息	100%
20 分鐘後	58.2%
1 小時後	44.2%
8 ～ 9 小時後	35.8%
1 天後	33.7%
2 天後	27.8%
6 天後	25.4%
一個月後	21.1%

表 2-1 時間與記憶量化表

　　這條曲線顯示大腦在學習後的遺忘過程是有規律的，但不是呈等比級數下滑，並非固定的一天忘掉 N%，隔天又忘掉 2N%，而是在記憶完成的初始階段遺忘速度反而最快，之後便逐漸趨緩，然後經過一段較長的時間後，幾乎就不再遺忘了，這就是遺忘的發展規律，即「先快後慢」的原則。透過遺忘曲線了解遺忘的進程後，我們可以發現，只要在學得知識後的一天內馬上進行複習，即可延緩背了就忘的窘境。

　　這個研究也經過對照的實驗，實驗將學生分成 A、B 兩組，A 組在學習後不久進行一次複習，B 組不予複習，經過一天後，給 A、B 兩組同時進行記憶測驗，結果顯示，A 組學生保持 98% 的記憶量，而 B 組只保持了 56%。一週後再行記憶測驗，A 組仍有 83% 的記憶量，但 B 組只剩下 33% 的記憶。未經複習的 B 組學生，其遺忘平均值比 A 組高。

利用「萊特納系統」克服天敵

　　德國心理學家萊特納（Sebastian Leitner）依據艾賓浩斯的遺忘曲線，發明了「萊特納系統」，就是利用「間隔式複習」的方法達到記憶最佳化，也就是 1-4-7 法則，例如，第一次複習的 1 天之後進行第二次複習，第三次複習是在第二次複習的 4 天後，第四次複習則是第三次複習的 7 天之後。做成時間表看的話，如果第一次複習在 9 月 1 日的話，第二次複習要在 9 月 2 日，第三次複習在 9 月 6 日，第四次複習

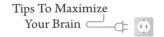

則在 9 月 13 日，以此類推。

	一MON	二TUE	三WED	四THU	五FRI	六SAT	日SUN
本月目標：				❶ 第一次複習	❷ 第二次複習	❸	❹
	❺	❻ 第三次複習	❼	❽	❾	❿	⓫
	⓬	⓭ 第四次複習	⓮	⓯	⓰	⓱	⓲

九月行事曆

萊特納系統能夠幫助學習者將學過的內容歸納成清楚或模糊的記憶。準備一疊卡片，將剛複習過的內容問題與答案分別寫在卡片的正反兩面，學習者用卡片正面的問題考自己，看看是否記得剛剛複習過的內容，並自行評斷此內容是「記住」的，還是「未記住」的。

再將這些記住與未記住的卡片分別放置在 5 格的學習卡片箱中。箱中第 1 格至第 5 格的寬度分別是 1 公分、2 公分、5 公分、8 公分、14 公分寬（圖 2-7）。

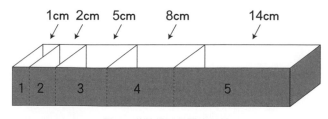

圖 2-7 萊特納的學習卡片箱

【使用方式步驟解說】

　　以下舉背誦中國歷史朝代相關的訊息為例，透過學習卡片箱管理練習背誦資料。

STEP 1

　　在卡片正面寫上問題「從夏開始，依序寫出中國歷史朝代」，反面寫上答案「夏、商、周、秦、漢、魏晉南北朝、隋、唐、五代十國、宋、元、明、清、中華民國」。一張卡片一個練習題，其他練習題以此方式分別寫在卡片上，你將擁有一套專屬自己的 Q&A 重點複習卡。

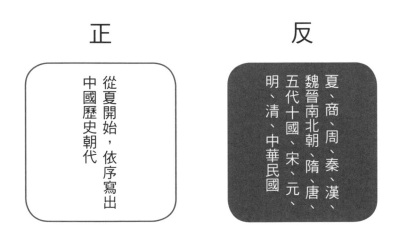

正　　　　　　　反

從夏開始，依序寫出中國歷史朝代

夏、商、周、秦、漢、魏晉南北朝、隋、唐、五代十國、宋、元、明、清、中華民國

STEP *2*

把所有的複習卡片放入學習卡片箱的第 1 格。從第 1 格的第 1 張卡片開始抽取，自問自答，測驗自己是否還記得先前背誦的資料。如果記得並回答出正確答案，就將這張卡片放到第 2 格內；若不記得，就把卡片放在第 1 格卡片的最後面。接著抽出第 1 格的第 2 張卡片，以此類推，重複確認第 1 格的卡片，直到第 1 格卡片都放到第 2 格為止。

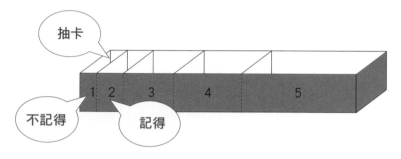

STEP *3*

隔天，將另一疊還未練習的新卡片，重複 Step1 與 Step2，直到第 2 格放滿為止。此時，從第 2 格的第 1 張卡片開始抽取，仿照 Step2 的作法，把記得的卡片放入第 3 格內，不記得的卡片放回第 1 格內。

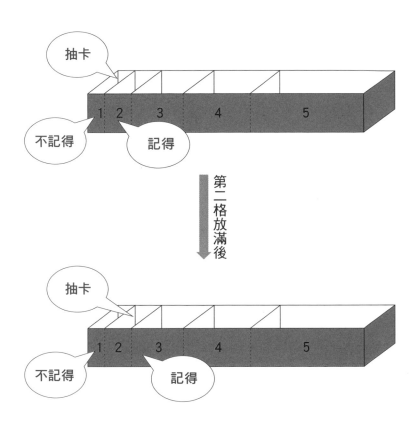

STEP 4

　　每天增加新的卡片，重複 Step1、2、3，以玩遊戲的方式不間斷地練習，你會發現複習的過程原來可以這麼輕鬆有趣、有效率。

　　當然，每個科目都可以用這樣的管理方式來複習，英文、國文、歷史、地理、生物、化學、數學等，都可以透過這樣的黃金複習法，讓你有系統、有規律地當個學習專家。

⚙ 訊息重新轉碼、編碼再吸收，才能記得快又有效

艾賓浩斯在關於記憶的實驗中也發現，學習者平均需要重複 16.5 次才可以記住 12 個無意義音節所產生的訊息，如果要記住 36 個無意義章節的資料，需要重複 54 次；但是，記憶有意義的六首詩中的 480 個音節，平均只需要重複 8 次。由這個實驗我們可以知道：

1. 理解訊息就能記得快，否則光是死記硬背，絕對是吃力不討好。

2. 大腦對於那些有意義的材料記憶比較輕鬆，且日後回憶起來也會比較省時。

綜合以上分析，我們可以得到兩個結論：

1. 將無意義的訊息轉換成有意義的形象可以加速記憶，這個概念前面章節也有提到，高倍速的右腦喜歡圖像、富有想像力及加上五感知覺的畫面訊息。

2. 學習必須勤於複習，記憶的理解效果越好，畫面越清晰有趣，忘得就越慢。

因此，學會將沒有感覺或意義的訊息重新編碼，就像工程師寫程式一樣，把訊息轉換成你懂得的語言、符號、聲音、圖片或過去經驗，轉換成大腦喜歡吸收的資料，正是下一篇要討論的重點。

Chapter 3

七大超強記憶法，
打造最強大腦

——10 倍速提升工作與學業表現的世界級記憶法

3-1　諧音圖像輔助法

在所有幫助人提升記憶的方法當中，八成以上最常用到的方法叫做諧音圖像輔助法。

我們遇到新的資訊，準備將其吸收並輸入大腦記憶時，可以利用聲音的相同處或相似處做巧妙的轉換，藉著過去的經驗、熟悉的感覺、動作、畫面或訊息，將難懂或陌生的事物，轉變成我們生活中常見的畫面、影像或感受，以克服複雜、有壓力的學習心情。透過轉換成熟悉的事物，達到幫助大腦輕鬆記憶的效果。

這個練習就是先將抽象（比較難具體可以看到畫面的東西）的圖像或文字，利用自己熟悉的語言，像是國語、台語、客語、注音等語音，或是外語如英語、日語等，進行仿擬，將其轉換為對你而言具有意義的畫面，這就是運用已知資料記憶未知資料的簡易操作。

操作方式很簡單，但要怎麼分辨抽象與具象的事物呢？在右腦高倍速的運作當中，具體鮮明的圖像往往能立即被吸收與消化，換言之，如果畫面夠生動有趣、則可以在大腦產

生烙印，如此一來，就不用擔心記不住的問題了！接下來，我們來做個練習，以下有 15 種物件，請圈選出你認為是具象的物件：

1. 藍色的帽子	2. 顏色	3. 芬達汽水	4. 智慧	5. 手電筒
6. 紅燒牛肉麵	7. 蘋果電腦	8. 錢	9. 自由女神像	10. 水果
11. 悠哉	12. 漂亮	13. 政治	14. 快樂	15. 手錶

　　具象的物件有第 1、3、5、6、7、9、15 項。或許有人會納悶為什麼項目 2「顏色」不算具象？因為它是集合名詞，我們不會在第一時間內聯想到藍色或黃色等的明確畫面，表示此非大腦想要的具體圖像。至於項目 4「智慧」，我們亦沒有辦法馬上反應出智慧的代表圖像，大腦需要經過一些時間的搜尋或組織，才能得出一個約略的概念，因此也不是大腦想要的具體圖像，所以將它剔除。項目 8「錢」更是一個廣泛的集合名詞，如果將項目改成一張千元大鈔，那麼這個具象就成立了。同理可證，項目 10「水果」也是因為無法讓人立即聯想出是鳳梨還是蘋果等實體畫面，大腦容易在一堆圖片的搜尋過程當中，花費更多時間，並讓畫面變得模糊。項目 11、12、13 與 14，都是屬於代名詞或是形容詞的虛像物件，須經過實體畫面的轉換，才可以節省我們將其存入大腦的時間。

　　這個練習的重點是，如果你花上好幾秒甚至好幾分鐘的時間去找圖、找你有印象的畫面，那就表示你失去秒速吸收

的能力，根據鼎琪老師 20 年的教學經驗，在接受完一天的高效能系統訓練的學員，不管年齡大小，都可以做到秒速吸收。

學會具象與抽象事物的的分辨後，接著，我們就要學習該如何將抽象物件透過諧音圖像輔助法轉換為具體的畫面，我們先來做個基礎的練習吧！

「丁」：「丁」的諧音畫面可以是柳「丁」或「釘」子。

柳「丁」　　　　　　　「釘」子

「協」：「協」的諧音畫面可以是「鞋」或「雪」。

鞋　　　　　　　下「雪」，音似協

將每個抽象的單字轉換為具體的圖像，本來看不到的「協」的樣子，現在可以想像成鞋子或是下雪的畫面，這些虛像文字，透過諧音產生具體的圖像型態，就可以讓大腦開

始編碼進行記憶的儲存。

現在，我們再試著把「目標」兩字用諧音圖像輔助法，
轉化為具體的畫面。

「目」：「目」的諧音畫面可以是「木」頭或「墓」碑。

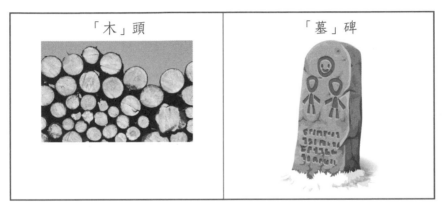

「標」：「標」的諧音畫面可以是飛「鏢」。

「目標」的具體畫面可以轉換為把飛鏢射到木頭或墓碑
上，透過這樣的諧音圖像轉換方式，我們就可以把大腦左側
的文字轉化成圖像讓右腦吸收，盡情享受超高速的記憶輸入
方式！

鼎琪老師高效率練習題

◎請將下列 10 項抽象物件轉化為具體圖像，試著寫出或畫出來。

抽象物件	具體圖像	抽象物件	具體圖像
1. 信心		6. 銷售	
2. 浪費		7. 刺激	
3. 優雅		8. 國文	
4. 應變		9. 超越	
5. 業績		10. 南京	

　　除了諧音圖像輔助法外，還有一些常用的趣味諧音法，協助將抽象的數字或英文字母轉換為有意義的短句或詞彙。

抽象物件	有意思的詞句	抽象物件	有意思的詞句
168	一路發	520	我愛你
0451625	你是否依然愛我	0837	您別生氣
OBS	日文的「歐巴桑」	OGS	日文的「歐吉桑」

【諧音圖像輔助實戰練習】

◎以至 2015 年為止，官方認定的台灣原住民 16 族為記憶目標，進行諧音圖像輔助練習。

泰雅族	賽夏族	布農族	鄒族
魯凱族	排灣族	卑南族	阿美族
達悟族	邵族	噶瑪蘭族	太魯閣族
撒奇萊雅族	賽德克族	拉阿魯哇族	卡那卡那富族

STEP 1 將抽象物件轉換成實像物件：

抽象	實像	抽象	實像
泰雅族	泰→泰山	達悟族	悟→禮物
賽夏族	賽夏→曬蝦	邵族	邵→哨子
布農族	布→織布	噶瑪蘭族	瑪→馬
鄒族	鄒→粥	太魯閣族	太→太陽

抽象	實像	抽象	實像
魯凱族	魯→滷蛋	撒奇萊雅族	撒奇→沙其馬
排灣族	排→排球	賽德克族	賽德克→賽的鴿
卑南族	南→南瓜	拉阿魯哇族	拉阿→蜆的台語「蜊仔」（lâ-á）
阿美族	阿美→阿妹張惠妹	卡那卡那富族	卡那→「卡拉OK」

STEP 2 進行圖像與圖像之間的連結：

泰山	曬蝦	織布	粥
滷蛋	排球	南瓜	阿妹
禮物	哨子	馬	太陽
沙其馬	賽的鴿	蜊仔	卡拉OK

有一位名叫**泰山**的勇士，每天的工作就是**曬蝦**，用**布**包起來後，丟下鍋煮**粥**，加入一顆**滷蛋**。他腳踢**排球**，頭頂**南瓜**，吸引**阿妹**帶著**禮物**前來跟他做朋友，泰山高興地吹起**哨子**，哨音引來一匹**馬**，兩人在出**太陽**的好天氣下，吃著**沙其馬**，開心地看著比**賽的鴿**子，配上炒好的**蜊仔**，快活地唱著**卡拉OK**。

STEP 3 畫面拆解，還原訊息：

圖像畫面	還原訊息	圖像畫面	還原訊息
有一位名叫泰山的勇士	泰雅族	帶著禮物	達悟族
每天的工作就是曬蝦	賽夏族	吹起哨子	邵族
用布包起來	布農族	引來一匹馬	噶瑪蘭族
丟下鍋煮粥	鄒族	出太陽的好天氣	太魯閣族
加入一顆滷蛋	魯凱族	吃著沙其馬	撒奇萊雅族
腳踢排球	排灣族	看著比賽的鴿子	賽德克族
頭頂南瓜	卑南族	炒好的蜊仔	拉阿魯哇族
吸引阿妹	阿美族	唱著卡拉 OK	卡那卡那富族

　　在這個實戰演練過程中，我們還運用了另一個小技巧，即記憶法的第二大法「聯想導演故事法」。下一章我們將詳細說明如何運用「聯想導演故事法」來幫助大腦記憶！

──不論背書還是考證照，都像看動畫一樣輕鬆簡單

3-2 聯想導演故事法

圖像聯想的意思就是把原本相互獨立的個體，運用想像力、創造力讓它們產生互動、聯結在一起，把原本沒有關聯、天南地北的事物，透過非邏輯或有邏輯、有畫面的趣味想像，串聯在一起。就好比一個導演，透過獨特的說故事角度、流暢的剪輯與生動的畫面、把無聊的文字劇本變成一部部精采動人的電視劇或電影。

為什麼這種記憶方法特別好用？回想我們從小到大，不分年齡層，但凡是動漫、電視或是電影，無一不愛觀看，因為這些型態的媒體都有一個共同點，就是有生動、色彩豐富的、有劇情的、具想像空間的畫面，而畫面影像又是右腦最擅長的接收資訊模式。有鑑於此，既然圖像畫面能有效地被大腦吸收，何不將其運用在我們的茫茫學涯中，拋開枯燥乏味、缺乏效率的死記硬背，讓自己搖身一變成為快樂的創意發想家呢！

以下是十個不相關的物件，要如何透過聯想法，將它們串聯成一個有趣的故事呢？

火雞	鏡子	成龍	火箭	變形金剛
捷運	龍捲風	珍珠奶茶	煙火	101 大樓

運用誇張、不合邏輯、卡通化的故事情節將這十個物件串成一部電影吧。

有一隻愛漂亮的**火雞**，很愛照**鏡子**，鏡中突然出現**成龍**乘著**火箭**，與**變形金剛**相約去搭**捷運**，路上遇到**龍捲風**，打翻他們手上的**珍珠奶茶**，珍珠彈出了**煙火**，把 **101 大樓**點綴得五彩繽紛。

當你把故事串聯起來後，回頭遮住這十個物件的資訊，試著回想整個故事的情節，你已經自然而然地將這十個不相干的物件輸入你的大腦，並且還能夠自由輸出了。

如果大腦喜歡輕鬆詼諧的開放學習法，我們何必還要辛苦地抄寫、硬背或重複背誦呢？

【聯想導演故事法實戰演練】

◎台灣十大建設有哪些？

大煉鋼廠	大造船廠	鐵路電氣化	北迴鐵路	台中港
石油化學工業	南北高速公路	中正國際機場	蘇澳港	核能發電廠

STEP 1 聯想：

大煉鋼廠→鋼鐵人	大造船廠→大船	鐵路電氣化→鐵路	北迴鐵路→迴紋針	台中港→台中太陽餅
石油化學工業→加油	南北高速公路→南北跑	中正國際機場→飛機	蘇澳港→蘇打餅乾	核能發電廠→核子彈

STEP 2 故事連結：

鋼鐵人從**大船**中走了下來，在**鐵路**邊撿到一枚**迴紋針**，然後跑去吃**台中太陽餅**，順便幫自己**加油**，加完油後動力十足地**南北跑**，不小心撞到了一旁停降的**飛機**，炸掉了**蘇打餅乾**工廠，還引爆了**核子彈**！

STEP 3 畫面拆解，還原訊息：

圖像畫面	還原資料	圖像畫面	還原資料
鋼鐵人	大煉鋼廠	幫自己加油	石油化學工業
從大船中	大造船廠	動力十足地南北跑	南北高速公路
在鐵路邊	鐵路電氣化	停降的飛機	中正國際機場
一枚迴紋針	北迴鐵路	蘇打餅乾工廠	蘇澳港
吃台中太陽餅	台中港	引爆了核子彈	核能發電廠

鼎琪老師高效率練習題

①東漢末年的「建安七子」是哪幾位？

孔融	陳琳	王粲	徐幹	阮瑀	應瑒	劉楨

STEP 1 抽象名詞透過諧音輔助轉換為具體圖像：

抽象名詞	具體圖像	抽象名詞	具體圖像
孔融	恐龍	阮瑀	軟魚
陳琳	楊丞琳	應瑒	陰陽
王粲	王冠	劉楨	劉貞
徐幹	樹幹		

STEP 2 運用聯想導演故事法，將圖與圖透過誇張的想像串聯
起來，即便是無厘頭的聯結也可以！

天空中出現一隻恐龍，上面載著楊丞琳，她頭戴王
冠，撞到樹幹，穿過一條軟魚，最後跟擅長跳陰陽舞
的劉貞老師學國標。

STEP 3 透過以上的故事聯想，進行回憶後，請還原回憶出建
安七子的名字：

_____

_____

_____

_____

②缺乏維生素可能會造成的疾病有哪些？

維生素	疾病	維生素	疾病
維生素A	夜盲症	維生素B12	貧血
維生素B1	腳氣病	維生素C	壞血症
維生素B2	口角炎	維生素D	軟骨症

STEP 1 透過我們豐富的想像力，將缺乏維生素的各種疾病給串聯起來吧！

- 維生素A的A發音與「黑」押韻，也是黑「夜」的黑。

- 維生素B1的1很像「腳」的形狀，1發音與「氣」押韻。

- 維生素B2的2是2個人發生口角在吵架。

- 維生素B12的12很像貧「血」，下面1橫（—），中間2豎（‖）。

- 維生素C的C發音似「洗」，要將壞血「洗」成好血。

- 維生素D的D聲音很像弟「弟」，弟弟在練「軟骨」功。

STEP 2 再複習一次上述諧音與聯想的轉換。

STEP 3 回憶後還原出正解：

維生素	疾病	維生素	疾病
維生素A	＿＿＿＿	維生素＿＿	貧血
維生素＿＿	腳氣病	維生素C	壞血症
維生素B2	＿＿＿＿	維生素＿＿	軟骨症

③台灣西部重要河流由北而南的排列順如下：

淡水河→頭前溪→鳳山溪→後龍溪→大安溪→大甲溪→大肚溪→濁水溪→北港溪→朴子溪→八掌溪→急水溪→曾文溪→鹽水溪→二仁溪→高屏溪→東港溪→林邊溪

STEP 1 諧音轉換圖像：

河流	諧音圖像	河流	諧音圖像
淡水河	蛋	朴子溪	布
頭前溪	頭	八掌溪	一巴掌
鳳山溪	鳳爪	急水溪	雞
後龍溪	龍	曾文溪	蚊子
大安溪	安全帽	鹽水溪	鹽水
大甲溪	大甲魚	二仁溪	兩個人
大肚溪	大肚	高屏溪	瓶子
濁水溪	玉鐲子	東港溪	冬瓜
北港溪	香港腳	林邊溪	樹林

STEP 2 將圖像與圖像聯結，透過聯想導演故事法串聯畫面：

　　有一顆蛋砸到頭，長出了鳳爪，後面飛來一隻龍，帶

著安全帽，嘴裡咬著大甲魚，有著圓滾滾的大肚子，正用玉鐲子刮著自己的香港腳，然後用布包起來，牠揮了一巴掌給在旁邊偷笑的雞。這時，天空飛來一堆蚊子，灑下鹽水，兩個人拿著瓶子來接水，還有一顆冬瓜從樹林裡滾了出來，真是大豐收！

STEP 3 回憶畫面，並還原正解：

有一顆蛋（想到_____）砸到頭（_____），長出了鳳爪（_____），後面飛來一隻龍（_____），帶著安全帽（_____），嘴裡咬著大甲魚（_____），有著圓滾滾的大肚子（_____），正用玉鐲子（_____）刮著自己的香港腳（_____），然後用布（_____）包起來，牠揮了一巴掌（_____）給在旁邊偷笑的雞（_____）。這時，天空飛來一堆蚊子（_____），灑下鹽水（_____），兩個人（_____）拿著瓶子（_____）來接水，還有一顆冬瓜（_____）從樹林（_____）裡滾了出來，真是大豐收！

④國語課文注釋記憶：

> 柔瀚：代表毛筆。
> 卓犖：犖音ㄌㄨㄛˋ，「卓犖」意為卓越。
> 疇昔：代表昔日。疇與昔同義。

現在發揮你的聯想力，把這3例注釋轉化成圖像聯結：

柔瀚：想像有個柔情似水的男子漢，特別愛用毛筆寫情書。

卓犖：犖從字型來看，就像一頭牛的頭頂著了火，燒出了
　　　「烙」印，表示牠很卓越。

疇昔：疇從字型來看，古人長壽又有田（疇字的右邊是壽，
　　　左邊是田）。也可以想像成，古人壽命短，卻有一堆
　　　田產，令人發「愁」（音同「疇」）不知如何處置！

⑤記憶化學反應實驗結果的強弱排序：

> 化學反應鍵的強弱排序是氟＞氯＞溴＞碘，但是實驗結果卻是氯＞
> 溴＞氟＞碘！

　　實驗結果中發現，蘇打綠（氯）這個團體，非常愛秀
（溴），因此非常有福（氟）氣，在音樂頒獎典（碘）禮上
得名了。

圖 3-1 受邀至曲靖電視台錄影

鼎琪老師小提醒

聯想的關鍵在於：

1. 熟讀 3 至 5 次訊息或考題。

2. 進行抽象與實象的圖像轉換聯想。

3. 用誇張、不合邏輯、卡通化或情境式的故事情節將各個圖像串聯在一起。

4. 回憶畫面以加深印象，並測驗自己是否能還原訊息。

5. 最重要的是要不斷地複習。

6. 準備 5 種以上不同顏色的筆，在筆記的重點旁輔以圖像提示，讓我們的大腦保持在右腦記憶的巔峰狀態，且閱讀時的頁面添加了色彩，可加強我們學習的興致！

7. 用鐘錶計時，記錄每筆訊息平均花費多少時間記憶、回憶、複習，並在練習時加入模擬考試的情境，與有限的時間賽跑，如此一來，可以增進我們念書的效率。

——利用口訣化繁為簡，減輕背誦負擔

3-3 關鍵索引記憶法

索引是利用有規則的排序方法，或是一種可以幫你回憶熟悉感的關鍵字詞，指引學習者回到資訊內容或是資料所在位置的一種方法。索引可以說是學習者與資訊間的橋樑，它不會直接提供可用的資訊，而是用指示或指引的方式，提供查閱者資訊可能所在的位置，也可能是表達資料內容的關鍵語。

索引法的基本步驟是：

1. 瀏覽資料，分析資料內容，想想自己會如何分類這份資料，如何利用簡化的概念來描述這份資料。
2. 尋找合適的關鍵語來描述資料概念。
3. 運用聯想法記憶。
4. 必須指引出正確訊息或位置，然後將資料所在處或訊息內容正確寫出。

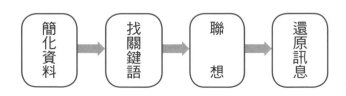

　　簡言之，就是將資料內容壓縮，試著找出替代關鍵字，接著用聯想力將關鍵字轉換成圖像，再把訊息輸入大腦，它可以是一種旋律、一個口訣，或是一個動作。

　　要跟大家強調的是，這是一種以簡馭繁的方式，是僅採取 20% 內容記憶的精簡重點策略。只要將一篇文章或一段詩詞的百分之二十的重點記下，便能長期保留這份訊息，可以算得上非常有效率！

　　關鍵索引法會因人而異，因為每個人抓取的重點都不一樣，訊息中的第一個字、幫自己產生畫面的字、人事時地物的訊息，亦或是連接詞等，都有可能成為我們的關鍵字。

　　關鍵索引法搭配聯想法一起運用，可再次強化重點字，喚醒我們的記憶畫面，減輕龐大資料給大腦帶來的壓力。索引法尤其適合用在當一次出現大量或同質性很高的訊息時。我們以中國四大名著為例：

三國演義	水滸傳	西遊記	紅樓夢

STEP 1 先抓出關鍵索引字：

　　名、三、水、西、紅。因為這幾個字的圖像畫面非常清楚，容易聯想。

STEP 2 聯結圖像，進行聯想：

　　中國古代有名的山水夕陽是紅的。

　　「三」讓人想到山，「西」讓人想到夕陽或西瓜。這

　　時腦海就會浮現一幅名畫〈山水夕陽紅〉。

STEP 3 還原訊息：

　　「山」想到《三國演義》，「水」想到《水滸傳》，
　　「夕陽」想到《西遊記》，「紅」想到《紅樓夢》。

【關鍵索引法實戰演練】

①記憶中國古代四大奇書：

三國演義	水滸傳	西遊記	金瓶梅

STEP 1 先抓出關鍵索引字：

　　奇、三、水、遊、瓶。選這些字是因為它們容易跟
　　「奇」發生聯結。

STEP 2 聯結圖像，進行聯想：

　　「奇」讓人想到騎馬，「三」讓人想到山，「遊」想
　　到遊山玩水，「瓶」想到瓶子，所以可以聯想出一個
　　畫面：我們騎馬遊山玩水，還隨手撿瓶子。

STEP 3 還原訊息：

　　「騎」馬想到奇書，「遊」「山」玩「水」，想到《西
　　遊記》、《三國演義》與《水滸傳》，撿「瓶」子想
　　到《金瓶梅》。

②記憶唐宋古文八大家：

韓愈	柳宗元	歐陽脩	蘇洵
蘇軾	蘇轍	曾鞏	王安石

STEP 1 如果你老是過目即忘，就用索引關鍵字先找出重點：
唐、愈、柳、歐陽、三個蘇、曾、石

STEP 2 聯想開始：
唐老鴨**送**（唐宋）來零食，有**韓**國魷**魚**（韓愈）與**柳**
丁汁（柳宗元），交給了**歐陽**菲菲（歐陽脩），她還
吃了**3**片**蘇**打餅乾（蘇轍、蘇洵、蘇軾）、被**針孔**（曾
鞏）攝影機拍到她與**王**先生坐在**石**頭上（王安石）約
會。

STEP 3 回憶故事，把唐宋八大家還原並寫出來：

_____

_____

_____

_____

③記憶 12 個與台灣曾有過邦交的中南美國家：

哥斯大黎加 共和國	瓜地馬拉 共和國	巴拉圭 共和國	聖文森及格瑞 那丁
貝里斯	薩爾瓦多 共和國	海地 共和國	尼加拉瓜 共和國
多明尼加 共和國	宏都拉斯 共和國	巴拿馬 共和國	聖克里斯多福 及尼維斯

STEP 1 抓出對你有圖像或可以勾起回憶的關鍵字詞，
哥、瓜、圭、文丁、貝、薩、海、尼、多明、宏、巴、
聖

先把又長又難記的 12 個國家簡化成大腦可以輕鬆運作的模式，找出關鍵索引後，開始圖像聯結。

STEP 2 調整關鍵字順序並分組，再行聯想：

宏、巴、哥、貝、圭、海、聖、多明、文丁、尼、薩、瓜。

一隻**紅色**的**巴哥**鳥，**背**上有一隻烏**龜**，在**海**上聽著**聖**歌跳起**多佛朗明**哥舞，看到你被**蚊子叮**，嘲笑你說：「**你傻瓜**」。

STEP 3 再次回憶畫面，並將關鍵字還原：

- 紅色巴哥鳥：宏都拉斯、巴拿馬、哥斯大黎加。
- 背上有一隻烏龜：貝里斯、巴拉圭（如果怕記成烏拉圭，可以多一個芭樂的台語「菝仔」）。
- 海上聽聖歌跳多佛朗明哥舞：海地、聖克里斯多福及尼維斯（尼維斯想不到可以多一個畫面「尼斯水怪」）、多明尼加共和國。
- 蚊叮：聖文森及格瑞那丁。
- 你傻瓜：尼加拉瓜、薩爾瓦多、瓜地馬拉。

④記憶清末八國聯軍：

英	法	德	美	日	俄	義	奧

STEP 1 因為每個國家只有一個字，就是我們的關鍵字。

STEP 2 找出個別可能的圖像：

鷹、法國麵包、德國豬腳、美國漢堡、日本壽司、鵝、義大利麵、獒犬。可以想像出 3 種動物（獒犬、老鷹、

鵝）正在搶美食的畫面。

獒犬搶到**德**國豬腳、**美**國漢堡，老**鷹**搶到**法**國麵包與
日本壽司，**鵝**搶到**義**大利麵。

STEP *3* 關鍵字還原：

獒犬想到「奧」，老鷹想到「英」國，鵝想到「俄」國，
豬腳想到「德」國，漢堡想到「美」國，麵包想到「法」
國，壽司想到「日」本，義大利麵想到「義」大利。

當然還有一個更精簡的口訣：餓的話，每日熬一鷹！

口訣關鍵字還原：餓的話（俄德法），每日（美日）
熬（奧）一（義）鷹（英）！

⑤記憶南宋十三經：

《詩》、《書》、《易》
《周禮》、《儀禮》、《禮記》
《左傳》、《公羊傳》、《穀梁傳》
《論語》、《孝經》、《爾雅》、《孟子》
＊《周禮》、《儀禮》、《禮記》合稱「三禮」。
＊《左傳》、《公羊傳》、《穀梁傳》為「《春秋》三傳」。

STEP *1* 先抓出關鍵字，再找出關鍵字的圖像進行轉換：

易、詩、書（一、詩、書）

周、儀、記（週、一、記）

左傳、公羊、穀（左轉、公羊、鼓）

論語、孝、雅、子（評論、笑、鴨、子）

STEP 2 把圖像與圖像之間進行聯結：

有一本**詩書**，在講三種**禮**，只有**週一**才**記載**，書裡寫著**左轉**向**公羊**打**鼓**祝賀，大家**評論**時覺得好**笑**，連**鴨子**也來取笑一番。

STEP 3 請回憶畫面，並將十三經還原：

_____

_____

_____

_____

⑥將中國歷史朝代按時間先後排列：

> 黃帝→堯→舜→夏→商→周→秦→漢→魏→晉→南北朝→隋→唐→五代→十國→宋→金→元→明→清→中華民國

STEP 1 找出索引關鍵字：

帝、堯、舜、夏、商、周、秦、漢、魏、晉、南北、隋、唐、五代、十國、宋、金、元、明、清、華

STEP 2 轉換圖像畫面：

皇帝、咬、筍、蝦、三、粥、秦漢、胃鏡、南北、水、糖、五袋、十個、宋朝、金元寶、明、清、花圃

皇**帝咬筍**子，喝了**蝦**仁**三**碗**粥**，遇到藝人**秦漢**去照**胃鏡**，他**南北**奔波只能喝**水**吃**糖**，回家路上撿到**五袋**共**十個宋朝金元寶**，心想著：**明**天**清**理完**花圃**後，就可以好好休息了！

STEP *3* 請還原：

_____

_____

_____

_____

_____

⑦記憶中國大陸的天然國界與鄰國：

方位	國界	鄰國
東北方	黑龍江、圖們江、鴨綠江	俄羅斯、韓國
西方	帕米爾高原	阿富汗
西南方	喜馬拉雅山	印度
北方	無天然國界為屏障	蒙古國

STEP *1* 找出索引關鍵字，運用聯想進行圖像轉換：

國界與鄰國的索引關鍵字	轉換圖像
黑、俄	黑鵝
圖、鴨、韓國	韓國人喜歡塗鴉
帕、汗	拿手帕來擦汗
拉、印度	印度拉茶很有名
無、蒙	蒙眼無畫面

STEP *2* 加強記憶的聯結：

- 俄羅斯有很多黑鵝：「黑」想到邊界黑龍江。
- 韓國人喜歡在南北韓界線牆上塗鴉：「塗」想到圖們江，「鴉」想到鴨綠江。
- 阿富汗與中國的界線是帕米爾高原：「手帕」想到帕米爾，「擦汗」想到阿富汗。
- 喜馬拉雅山的「拉」與印度的「茶」作聯結：印度隔著喜馬拉雅山與中國為鄰。
- 蒙古沒有明顯的邊界與中國相隔。

STEP *3* 回憶並寫出正解：

中國與俄羅斯的邊界是＿＿＿＿＿＿＿＿＿＿＿＿＿＿＿＿＿

中國與韓國的邊界是＿＿＿＿＿＿＿＿＿＿＿＿＿＿＿＿＿＿

帕米爾高原是中國與＿＿＿＿＿＿＿＿＿＿＿＿＿＿的分界

 鼎琪老師小提醒

當訊息比較長或複雜時，除了在大腦想像畫面，最好就是畫成一張圖，用圖像輔助記憶，將故事的重點勾勒一遍。當你下次要複習時，先看圖回憶訊息，若有忘記的部分，再去找關鍵字！

3-4 立體空間記憶法

立體空間記憶法，就是利用空間當作記憶的「檔案櫃」，這是始於羅馬時代的記憶法，羅馬人會在會議時的空間上劃上區隔，每個區塊掛上當時會議的主題，人們由觀看空間回想該處當時掛上的主題內容，如同檔案櫃一樣，逐步回憶起會議的重點，這個方法當時被稱為羅馬房法（The Roman Room System）！

經過前面幾個章節的鋪墊與練習，相信大家對記憶技巧已經有初步的認識，接下來就要挑戰更高難度的記憶法了。當有大量的資料需要記憶時，我們會有以下幾種情況：太多圖像無限制地聯結下去所帶來的模糊印象，或是當圖像聯結變多時，至使回憶速度變慢，或是到了中後期圖像畫面不夠深刻而遺忘，導致後端的訊息因此斷訊，再也回想不起來等。為避免以上這些情況發生，所以本章節就要帶大家認識利用空間的分段與切割，將你欲記憶的大量資料，存在虛擬的立體空間中。如同我們使用雲端硬碟的虛擬空間，存放我們每天的行程、筆記、電子信件或會議紀錄等重要訊息。

使用說明　　　USER'S GUIDE

　　歡迎使用「商戰筆記」來提升你的學習力與競爭力，打造高效率人生。請先讀完《商戰大腦格命》這本書再來使用這本筆記，你才會了解鼎琪老師強調的九宮格式思考法，教你如何打破直線思考模式，跳脫傳統思維，就像創意朝四面八方展開，能有效刺激大腦的想像力、邏輯力、創造力與圖像聯想力，也就是本書命名「格命」而非革命的由來。如果沒有看完《商戰大腦格命》，請先不要使用這本筆記，以免浪費你寶貴的時間。

　　這本筆記旨在提供你九宮格式思考法與心智圖的活用，比方說，當你遇到諸如人生挫折、事業困境、職場問題、人際關係、活動規劃、文案發想等問題時，就可以使用九宮格式思考法，將問題的多個面向與優缺點盡數分析，從中獲得一條破開迷霧的指引。或是當你遇到需要學習或記憶的時刻，如課堂筆記、人名電話、客戶好惡、讀書報告、行動紀錄、演講心得等，也可以利用心智圖的圖像聯結，達到過目不忘的好記性，讓你在職場或考場，都能鶴立雞群，擁有優異於別人的競爭力！

　　想要擁有成功的人生，就要從一顆想要改變的心的開始，接著開始轉換思維，結交你覺得成功或值得仿效的人，把他們變成你的核心圈，找出這些人的成功之道、理財觀念、人生哲學，把他們的經驗化做滋潤你幸福人生的養分。只要掌握這三要素：向成功人士取經、跳脫傳統思維、讓大腦開心幫你工作，建立高效率人生絕不是問題！

九宮格思考筆記法

在筆記頁上畫出九宮格，將主題寫在正中央欄位上，然後透過從中心向四周發散的脈絡，向外延伸出許多想法，以放射法分門別類寫出付諸行動的方法。可以大幅提升我們的腦力，擴展思考視野，特別適合用來拆解問題的各種面向，把複雜的母問題變成具體簡單、容易實踐的子問題。也適合用來思考目標規劃，把目標願景分解成具體可行動的子計畫。以它為中心，想一想：我應該要多做些什麼？少做些什麼？應該立即做什麼行動？應該停止做什麼？我預計要花多長的時間去做？沒做到的話會有什麼損失？做到的話會有哪些收穫？為了它我願意花多少錢？

HOW MUCH 多少錢 7	HOW LONG 多久 8	WHEN 時間 1
WHY 動機 6	主題	WHAT 事和物 2
HOW 如何進行 5	WHERE 地點 4	WHO 人 3

以人生規劃為例：

◐ WHEN →什麼時候要達成什麼樣的目標？

◐ WHAT →想怎麼做？想做什麼？該做什麼？必須做什麼？

◐ WHO →以誰為目標？誰可以跟我一起做？

◐ WHERE →哪裡可以協助我？什麼環境是我想要的？

◐ WHY →為什麼想去做？動機為何？有什麼損失或好處？

ⓣ 心智圖筆記法

　　心智圖（Mind Map）是由英國著名心理學家東尼‧布贊（Tony Buzan）於 1970 年提出的圖像式輔助思考工具，將一個主題放在正中央做為核心，再以放射線形式聯接所有的關鍵詞分支。每個關鍵詞都能無限延伸，從中心向外發散，用關鍵字的方式聯結思考。

　　一般用於構思，記錄思考過程，也常用於記筆記，講師使用簡報時也常用心智圖的方式將重點記下，幫助自己思考演講的脈絡。

　　千言萬語不如一張圖，運用心智圖筆記法，能發揮到「提綱挈領，理清思路」的目的。心智圖因為其結構清晰，層次分明，輔以多種色彩與插圖提示，都是大腦最喜歡、也最能適應的工作情境。

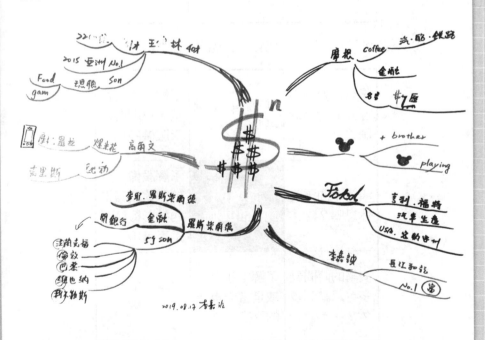

示範 1：演講的事前準備有哪些？

　　想像一下，你一週後即將面對 100 人的演講，你該做什麼準備？或是你即將面對一群觀眾發表你的產品與理念，這個時候該準備什麼？

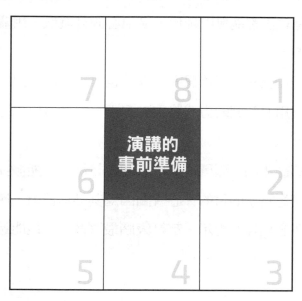

　　以下為參考答案，給大家一個思考方向：

是否需要準備互動的禮物或講義？ 7	誰會為你開場？ 8	了解現場的背景，以配合當天服裝顏色。 1
演講中間需要休息嗎？ 6	**演講的事前準備**	了解設備，對於微軟或蘋果的投影機接頭是否可用。 2
演講的時間最多可以講到多久？ 5	了解主辦單位或是當天重要的嘉賓有誰。 4	了解聽眾的年齡與期待。 3

🔰 示範 2：上台前，關於內容上的準備，有什麼該注意的地方？

為了讓自己更有說服力，在演說、談判、表演之前，盡可能找出自己的特色，為自己加分、加份量，讓台下聽眾能信服。

以下為參考答案，給大家一個思考方向：

有什麼特殊經驗讓人們願意相信你？ 7	你的核心思想貫穿什麼可以觸動人心？ 8	有哪些得獎紀錄？ 1
如何滿足聽眾的五感？ 6	人們為何聽你說？	有哪些有利自己的見證？ 2
聽眾能從你的演講中獲得什麼好處？ 5	有什麼可與聽眾產生共鳴的地方？ 4	有哪些名人背書？ 3

🎯 示範 3：如何運用心智圖安排一趟旅程呢？

如何運用心智圖安排每日 / 每月 / 每周的行程呢？

請拿出 5 種顏色的色鉛筆，畫出你的行程吧！

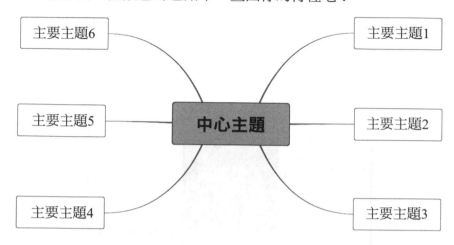

以下為美國旅程 9/30 ～ 10/7 的行程規劃參考：

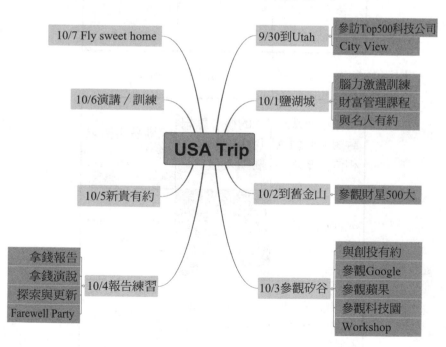

示範 4：練習自我介紹，你想到自我介紹的主題會有哪些？

7	8	1
6	自我介紹 的主題	2
5	4	3

以下為參考答案，給大家一個思考方向：

榮耀	興趣	基本資料
7	8	1
專長	自我介紹 的主題	家庭成員
6		2
核心目標	工作經歷	學歷
5	4	3

寫出主題後，就可以動筆用心智圖畫出屬於你的自我介紹：

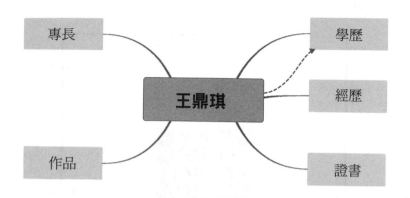

我＿＿＿＿＿＿＿的自我介紹：

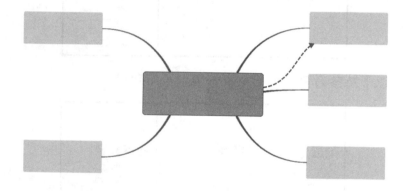

參考目標：多益 800 分的九宮格目標計畫表

參考目標：多益單字的九宮格目標計畫表

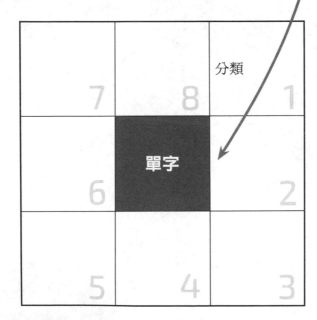

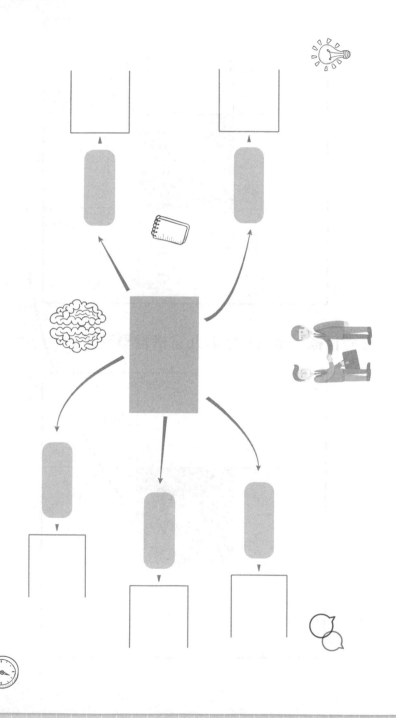

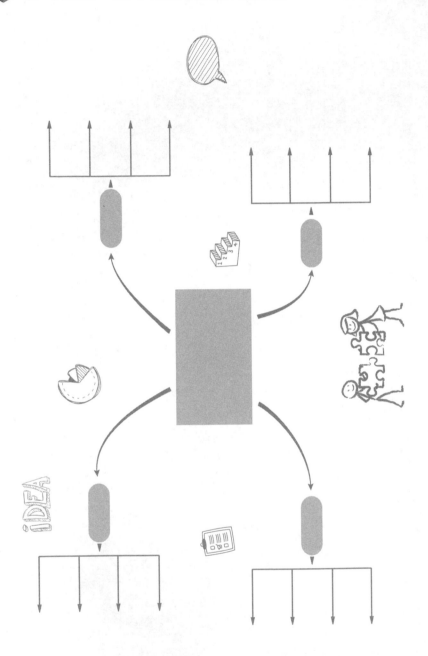

⬡ **參考目標：培養有錢人的習慣**

使用立體空間記憶法有一點要特別注意，就是必須利用我們腦海中印象最深刻的空間來進行區隔劃分，千萬不要用自己不熟悉的空間來練習，那樣反而會造成記憶的負擔。

舉例來說，我們每個人對自己家裡空間及擺設必定非常熟悉，畢竟少說也是住了好幾年甚至幾十年的地方了，即使閉上眼睛，亦相當清楚哪些位置擺放了哪些物品。此外，辦公室、學校教室、補習班、親友家、腳踏車、汽車、機車、身體部位等，也是我們經常接觸的空間，都可以拿來當立體空間記憶法的練習材料。

以下我們試著利用身體的外部構造來學習如何區隔劃分空間，並依序編號做成檔案櫃再置入資料。基本上，由上而下、由左而右按照順序標示。

編碼順序	人體部位	記憶編碼與身體部位的聯想
1	頭髮	頭髮拉起來很像數字 1
2	額頭	2 的發音像額頭的「額」
3	耳朵	耳朵的形狀像數字 3
4	鼻子	鼻子側面看起來像數字 4
5	嘴巴	嘴巴被搗住
6	肩膀	單手彎曲摸同一邊的肩膀很像數字 6
7	氣管	7 很像氣管的「氣」的發音
8	脖子	想像圖中人的脖上有領結，領結像橫躺的數字 8
9	手臂	手臂的「手」像數字 9
10	胸膛	胸膛硬得跟「石」頭一樣

　　以上編碼雖然是按照人體由上而下的順序排列，但為了幫助記憶，我們可以使用聯想法將人體部位與編號產生串聯起來，這樣一來，不止在回憶身體部位時，能輕易找到部位所對應的編號，熟練以後，將無需按照順序，即便隨意跳號或抽問，我們也可以輕鬆回憶出身體部位所對應的號碼。

　　比方說，提到 3，我們馬上就知道是身體的耳朵空間，提到 10，也能馬上回答出檔案櫃在身體的胸膛位置。接下來，我們就來練習，哪個部位（檔案櫃）上放了什麼物件（資料），透過空間聯想，馬上就可以記起內容囉。

　　以下有十個物件，請將這些資料放到身體部位上吧！

| 1. 鉛筆 | 2. 牛排 | 3. 珍珠項鍊 | 4. 大頭針 | 5. 狗鍊 |
| 6. 無敵鐵金剛 | 7. 蘋果 | 8. 鑽石 | 9. 玫瑰花 | 10. 溫度計 |

　　這十個物件如果運用身體的立體空間記憶法，我們必須把每個物件放入事先劃分好的身體部位，也就是檔案櫃內，現在開始放檔案囉！

STEP 1 聯想開始：將鉛筆綁在代表 1 的頭髮上，互相產生關聯，彼此關聯的重點在於要符合圖像與圖像聯結的特點：不合邏輯、卡通化、誇張或有情節的想像。以此類推，牛排貼在額頭 2 上，耳朵 3 上掛了一串珍珠項鍊，大頭針穿過鼻子 4，嘴巴 5 叼著狗鍊，肩膀 6 揹著無敵鐵金剛，氣管 7 有一顆亞當的蘋果，脖子 8 上

的領結鑲滿閃閃發亮的鑽石，手臂 9 有玫瑰花刺青，
胸膛 10 上掛了一支溫度計。

STEP 2 再度回憶每個檔案櫃上的圖像，從第 10 個身體部位
往回推想到第 1 個，你會發現，你的大腦已經可以輕
鬆將這些訊息倒背如流了呢！

STEP 3 現在抽考自己，第 10 個檔案櫃裡，也就是身體空間
的胸膛上掛了_____。是不是很簡單？再考考自
己，珍珠項鏈是放在身體第_____個檔案櫃。經過
幾輪這樣的練習後，你是否發現你的大腦開始適應並
從善如流地把資料做正向、倒向及抽換順序的運作
了。

 鼎琪老師小提醒

這個練習很重要，對於要提升工作或學習效率的人來說，當
你一旦學會使用立體空間記憶法來記憶訊息後，無論今後碰
到何種挑戰，由大到小、由北到南、從古到今等等，你都不
會被難倒！

除了身體部位外，家中空間亦是我們最為熟悉的立體檔
案櫃，我們就來練習一下，如何將家裡的空間做劃分與區隔，
試著找出 20 個檔案櫃。

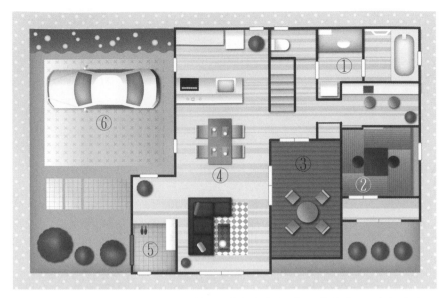

STEP 1 先將家裡的平面空間圖劃分出數個區域來，上圖展示劃分了六個區域。

STEP 2 如果要找出二十個檔案櫃，六個區域裡每個區域至少要找出三至四個檔案櫃。

STEP 3 每一區按照順序（順時針或逆時針都可以）編碼，例如：第①區從圖的右上方開始，按順時針方向進行編碼：1. 床鋪；2. 拉門；3. 更衣間；4. 廁所。第②區，一樣從右上方開始按順時針方向開始編碼：5. 楊榻米；6. 和式矮桌。第③區也是以此類推，直到找齊二十個檔案櫃。

STEP 4 將編號與位置用圖像記憶方式聯結，熟悉每個檔案櫃的空間，在大腦內建立 3D 的想像與回憶。

STEP 5 熟悉 Step4 後，再把新的訊息或要記憶的內容放到每
個檔案櫃上作聯結喔！

 鼎琪老師小提醒

1. 會移動的東西，如寵物或垃圾桶等，不要編入立體空間內。
2. 利用自己熟悉的空間建立你的立體空間記憶，更容易上
手。

　　我們每天看到的汽車，亦可從內而外區劃編碼，成為我
們立體空間記憶法的最佳檔案櫃喔！

STEP 1 劃分出汽車的立體空間，並編碼成檔案櫃：

1. 車牌	2. 車燈	3. 引擎蓋	4. 雨刷	5. 前擋風玻璃
6. 車門把	7. 前車門	8. 喇叭	9. 方向盤	10. 儀表板
11. 冷氣	12. 時鐘	13. 駕駛座	14. 副駕駛座	15. 後座
16. 車頂	17. 輪胎	18. 後擋風玻璃	19. 後車箱	20. 後車燈

STEP 2 聯想每個編碼所對應的位置，記憶並熟悉這些空間，
直到閉上眼睛後，可隨時找到任一編碼的位置。

STEP *3* 放上檔案做新訊息的圖像聯想，發揮你的想像力聯結
　　　　圖像與位置。

STEP *4* 回憶圖像內容，還原檔案訊息。

STEP *5* 練習正背、倒背、隨機抽考自己。

🖋【立體空間記憶法實戰演練】

◎記憶歐洲使用歐元的十九個國家（歐元區）：

奧地利	比利時	芬蘭	法國	德國
希臘	愛爾蘭	義大利	盧森堡	荷蘭
葡萄牙	斯洛維尼亞	西班牙	馬爾他	塞浦勒斯
斯洛伐克	愛沙尼亞	拉脫維亞	立陶宛	

STEP *1* 用索引關鍵字將每個國家的重點字抓出來。

STEP *2* 將重點字透過形狀、與生活相關的聯想或諧音圖像輔
　　　　助法等方式，轉換成右腦容易吸收的圖像。

　　　• 奧地利：透過諧音，可以聯想到「奧立歐（Oreo）
　　　　餅乾」；透過生活常識，可以聯想到「奧地利水晶」
　　　　最有名，或是任何你對奧地利特別有印象的建築或
　　　　特色，作為奧地利的圖像代表。

　　　• 比利時：透過諧音，可以想到「時鐘」，或是想到
　　　　比利時很有名的「尿尿小童」雕塑。

　　　• 芬蘭：可聯結到「蘭花」、「聖誕老人」、「NOKIA
　　　　手機」。

- 法國：想到「凱旋門」、「法國麵包」、「紅酒」等等。

- 德國：想到「德國豬腳」、「啤酒節」、「德國香腸」。

- 希臘：臘字令人想到「臘肉」。

- 愛爾蘭：名字令人想到「愛心」、「蘭花」。

- 義大利：名字令人想到「義大利麵」、地理形狀像「靴子」。

- 盧森堡：名字令人想到「爐子」、「漢堡」。

- 荷蘭：想到有名的「風車」、「鬱金香」花田。

- 葡萄牙：名字裡有「葡萄」。

- 斯洛維尼亞：斯洛讀音似「死肉」。

- 西班牙：想到「鬥牛」。

- 馬爾他：名字裡有「馬」。

- 塞浦勒斯：勒斯的發音令人想到「白鷺鷥」。

- 斯洛伐克：克字可延伸成「坦克」。

- 愛沙尼亞：透過諧音，可想到「沙子」、「鴨」。

- 拉脫維亞：拉脫讓人想到「沙拉脫」洗碗精。

- 立陶宛：陶宛也是「陶碗」。

STEP 3 將以上聯想一一放入汽車立體空間，運用誇張、不合邏輯、卡通、情境化的右腦創意聯想力，將汽車空間與使用歐元的國家圖像進行聯結。

第一個檔案櫃是車牌，而使用歐元的第一個國家畫面是水晶，因此，我們得到如下兩張圖：

- 聯想水晶作成的車牌放在第一個位置上。
- 第二個位置是車燈，車燈照亮燈上掛的時鐘或尿尿小童。
- 第三個位置是引擎蓋，引擎蓋上面冒出好多蘭花或出現聖誕老公公。
- 第四個位置是雨刷，把法國麵包插在雨刷上。
- 第五個位置是前擋風玻璃，上面掛著好多德國豬腳或啤酒。
- 第六個位置是車門把，車把上面吊著一串臘肉。
- 第七個位置是前車門，上面畫了一個愛心。
- 第八個位置是喇叭，上面掛著一盤義大利麵。
- 第九個位置是方向盤，上面塞了一個漢堡。
- 第十個位置是儀表板，上面擺了一株鬱金香或風車當裝飾。
- 第十一個位置是冷氣，吹出一顆顆的葡萄。
- 第十二個位置是時鐘，時鐘的指針綁著死肉在轉動。

- 第十三個位置是駕駛座，鬥牛比賽的場景發生在駕駛座上。

- 第十四個位置是副駕駛座，座位上坐了一匹馬。

- 第十五個位置是後座，載了一群白鷺鷥。

- 第十六個位置是車頂，被坦克車壓過。

- 第十七個位置是輪胎，輾過沙子與鴨子。

- 第十八個位置是後擋風玻璃，用沙拉脫清洗玻璃。

- 第十九個位置是後車箱，裡面裝了一堆陶碗。

STEP 4 將 Step3 與十九個國家的圖像與文字訊息勾勒清楚，回憶數遍。

STEP 5 由第 1 個位置回憶到第 19 個位置，再由第 19 個位置回憶到第 1 個位置後，抽考自己哪個國家在第幾個位置上，哪個位置上有什麼國家。

　　如此一來，當我們遇到任何比較多的資料，或是有故定順序的內容時，無論要我們正背、倒背，還是抽背，都能夠應付自如。

 鼎琪老師小提醒

練習到這個章節，你會發現，每一個記憶法基本上都可以互相融會貫通。當你練習得越多，對記憶法越熟練時，你會發現，當你遇到一個新的挑戰時，你的大腦會自動幫你選擇最合適的記憶方法，有時不只可用一種記憶法，亦可運用兩種以上的記憶法來強化你的記憶內容。

── 如 007 般快速記憶，縮短時間成本

3-5

兩兩相黏串聯法

在前面幾個不同的章節中，從基礎到進階，我們都使用過聯想記憶法來輔助記憶，在這個章節裡，我們就來練習如何使用兩兩相黏串聯法進行記憶。聯想記憶法與兩兩相黏串聯法兩者的差別在於，聯想記憶法類似 VCR 錄影或電影檔案，資料的輸入過程量較大，所以占據大腦的記憶體也多；而兩兩相黏串聯法則是在你輸入圖像的時候，一次只看兩張圖或兩個物件，這個方法不需要透過故事聯想將全文圖片聯結在一起，變成一部電影或一個龐大的故事情節，只要針對兩張圖間產生的聯結關係去想像即可。

兩兩相黏串聯法永遠只須注意兩者之間的關係，如圖 3-2。當資料 A 與資料 B 出現時，將兩者聯結的記憶深度取決於我們的想像力是否夠誇張、夠不合邏輯、夠卡通化，或夠趣味化；當資料 C 出現時，只要將資料 B 與資料 C 相聯，不需將

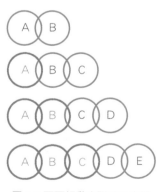

圖 3-2 兩兩相黏串聯法示意圖

資料 A 也帶入聯想，不強調回溯，僅僅只有兩兩物件的串聯，才可以減輕我們的記憶容量與負擔。

以下有 15 個物件，我們就來練習如何透過兩兩相黏串聯法來進行記憶：

大公雞	甩餅	自由女神像	印泥	足球
白旗	耐吉	老虎	馬戲團	壽司
捲餅	傭人	河粉	豬腳	金字塔

STEP 1 將物件兩兩相黏：

成雙物件	情境聯想
大公雞與甩餅	大公雞在大家面前表演甩餅
甩餅與自由女神像	甩餅一飛，黏在紐約的自由女神像臉上
自由女神像與印泥	自由女神像全身被紅色的印泥染得紅通通的
印泥與足球	印泥噴到白色足球上
足球與白旗	足球上面插了一根白旗
白旗與耐吉	白旗上面畫了知名品牌耐吉的標誌
耐吉與老虎	耐吉慢跑鞋掛在老虎的脖子上
老虎與馬戲團	老虎從馬戲團跑出來嚇到觀眾
馬戲團與壽司	馬戲團團員拿壽司塞在嘴巴裡
壽司與捲餅	壽司包得很像捲餅
捲餅與傭人	捲餅掉地上，被傭人撿起來吃掉了
傭人與河粉	傭人正在煮河粉

河粉與豬腳	河粉穿過豬腳
豬腳與金字塔	豬腳從金字塔上面滾了下來

STEP 2 情節回憶：

- 大公雞剛做了什麼？　　　——**甩餅**
- 甩餅甩到誰的臉上？　　　——**自由女神像**
- 自由女神像被什麼染紅？　——**印泥**
- 印泥噴到什麼上？　　　　——**足球**
- 足球上面插了什麼？　　　——**白旗**
- 白旗上面畫了什麼標誌？　——**耐吉**
- 耐吉慢跑鞋掛在哪裡？　　——**老虎**
- 老虎從哪裡跑出來？　　　——**馬戲團**
- 馬戲團團員吃什麼？　　　——**壽司**
- 壽司包得像什麼？　　　　——**捲餅**
- 捲餅被誰撿起來吃掉了？　——**傭人**
- 傭人正在煮什麼？　　　　——**河粉**
- 河粉穿過哪裡？　　　　　——**豬腳**
- 豬腳從哪裡滾了下來？　　——**金字塔**

STEP 3 還原串聯原始資料：

大公雞 > ＿＿＿＿ > ＿＿＿＿ > 印泥 > ＿＿＿＿ >
白旗 > ＿＿＿＿ > 老虎 > ＿＿＿＿ > ＿＿＿＿ > 捲
餅 > ＿＿＿＿ > ＿＿＿＿ > ＿＿＿＿ > 金字塔。

藉由以上的練習，你是否已經清楚兩兩相黏串聯法要如何運用了呢？為了讓大家更熟悉這種技巧，我們再來做個演練。以下為世界人口數排名第一到第十五的國家，請用兩兩相黏串聯法來進行記憶吧：

中國	印度	美國	印尼	巴西
巴基斯坦	奈及利亞	孟加拉	俄羅斯	日本
墨西哥	菲律賓	越南	德國	埃及

STEP 1 先找出索引關鍵字、用諧音輔助轉換成圖像，接下來你可以自由選擇要使用哪一種記憶法進行記憶練習，為加強大家印象，在這裡我們使用兩兩相黏串聯法來進行示範。

STEP 2 將資料兩兩相黏，串聯成圖像的動作，在前面的練習中已預埋伏筆了：

中國的地形長得像一隻大公雞；印度的美食甩餅；印尼跟印泥發音一樣；巴西的足球；巴基斯坦的「巴基」發音像白旗；奈及利亞的「奈及」的諧音令人想到耐吉運動鞋；孟加拉有孟加拉虎；俄羅斯的馬戲團；日本的壽司；墨西哥的捲餅；台灣有很多菲律賓籍的外傭；越南的美食河粉；德國的豬腳，以及埃及的金字塔。

STEP *3* 回憶數遍後，試著還原主體資料：

_____

_____

_____

　　由以上的練習可知，圖像與圖像的串聯如果很清楚，我們所轉換的圖像如果與主體的關聯夠密切，資料就可以被完整地回憶出來！

【兩兩相黏串聯法實戰演練】

◎記憶陶淵明的〈桃花源記〉節錄：

> 晉太元中，武陵人，捕魚為業，緣溪行，忘路之遠近。忽逢桃花林，夾岸數百步，中無雜樹，芳草鮮美，落英繽紛；漁人甚異之。

STEP *1* 假設每個標點符號就是每段記憶的分節點，我們試著找出每一段的關鍵字吧：

晉太元中＞想到「圓鐘」；武陵人＞想到「武林高手（人）」；捕魚為業＞將「魚」作為關鍵字；緣溪行＞「溪」河；忘路之遠近＞路音同「鹿」；忽逢桃花林＞「桃花」；夾岸數百步＞「百步蛇」；中無雜樹＞「樹」；芳草鮮美＞「草」；落英繽紛＞「櫻」；漁人甚異之＞「漁夫」。

STEP 2 進行圖像串聯，每個前後句子的關鍵圖像兩兩互相串聯：

成雙物件	情境聯想
圓鐘與武林高手（人）	圓鐘砸在武林人的頭上
武林人與魚	武林人每天練功夾魚
魚與溪河	魚在溪河中跳躍
溪河與鹿	溪河旁一隻鹿在飲水
鹿與桃花	鹿的頭頂插滿桃花
桃花與百步蛇	桃花香薰昏了百步蛇
百步蛇與樹	百步蛇纏著大樹往上爬
樹與草	樹與草發出芳香的氣味
草與櫻	草地上灑滿櫻花
櫻與漁夫	櫻花被漁夫採來當魚飼料

STEP 3 我們必須熟讀文章，並理解內容。若使用一般的記憶方法無法記住文章內容時，再運用這種強化記憶的圖像聯結法。記住，當我們慣用的左腦記不住訊息的時候，才把右腦的圖像記憶方式加入，以強化印象。右腦的圖像聯結只是輔佐我們在記憶的過程中，抓住關鍵字詞，產生提醒作用！

STEP 4 我們也可以將 Step3 放入身體部位、汽車或住家等空間內，使用立體空間記憶法進行記憶，在每一個空間檔案櫃中，放入兩張圖像，將串聯的畫面丟入一個個的檔案櫃裡。例如，汽車立體空間的第一個檔案櫃是車牌，在這個檔案櫃中放入「圓鐘」與「武林高手（人）」兩個圖像，以及經過串聯的情境：「圓鐘砸在武林人的頭上」。汽車的第二個檔案櫃是車燈，就把「武林人」與「魚」的兩個圖像加上「武林人每天練功夾魚」的情境串聯進去，以下以此類推。

STEP 5 當大腦每回憶起汽車的一個空間位置時，相對應的檔案櫃上的圖像與情境就會浮現，幫助我們回憶出原始內容，就能順利寫出整段文章囉！

 鼎琪老師小提醒

特別建議使用筆記本或 A4 大小的空白紙張，將文章的每個段落用插圖的方式畫出來，用自己畫的插圖來回憶文字，這樣做的目的是，讓我們大腦在學習的過程中，保持在有圖像、有趣與輕鬆的狀態下進行訊息輸入，藉以喚起我們的學習興致，增加我們的學習成效！

——破解數字密碼，瞬間升級金頭腦

3-6 數字密碼全腦記憶法

要學鋼琴，首先要學會看懂五線譜上面的音符、升降記號等，接著再慢慢熟悉鋼琴的琴鍵位置。要學開車，我們要懂得踩油門、打檔、變換車道、打燈、如何倒車入庫、前進後退的技巧等。想學英文，則要先記住 26 個英文字母與發音，才能進一步進行單字、片語、句型與文法的記憶。那麼，數字密碼的學習又該如何開始呢？答案是：先解讀數字的抽象概念，轉換成具體的圖像畫面。當我們能記住一連串的數字後，便可進一步聯結數字後的其他文字訊息。

前幾個章節中，我們練習運用聲音相同或相似的諧音來尋找圖像，這裡的數字轉換圖像的方式也跟前幾章作法相同。除了可以透過聲音，我們也可以透過外觀形狀與其代表的意義來作圖像的轉換。在第二篇第三單元提到過，左腦是語言、邏輯的輸入，右腦喜歡以圖像輸入，如何讓兩者一同運作，就要由我們來穿針引線了。

以下就數字的圖像轉換為例：

數字 1：

- 透過形狀轉換成具象意思的話：你是否覺得 1 的形狀像一根「鉛筆」？
- 透過聲音轉換成具象意思的話：1 的發音是否像「衣」？
- 透過意義轉換成具象意思的話：1 通常有「開始」的含義，所以有第一的意思，可延伸為冠軍，因而聯想到「冠軍盃」。

數字 2：

- 透過形狀轉換：2 的形狀類似動物的「鵝」或「鴨」。
- 透過聲音轉換：2 的發音像餓，可以聯想到「餓鬼」。
- 透過意義轉換：數量 2 即一對，有成雙成對之意，會讓人聯想到「雙胞胎」。

數字 3：

- 形狀轉換：3 橫躺時看起來像座「山」。
- 聲音轉換：3 念起來聲音也像「山」。
- 意義轉換：3 我會想到「老師」，因為三人行必有我師！

　　以此類推，你也可以發展出屬於自己的數字密碼解讀術。

　　有了基本概念後，現在就來做個練習。解讀數字，將數字 1 ～ 20 轉換為圖像，參考例子如下：

1 → 鉛筆	2 → 鴨	3 → 山	4 → 帆船
5 → 房屋	6 → 柳樹	7 → 拐杖	8 → 眼鏡
9 → 酒瓶	10 → 十字架	11 → 筷子	12 → 時鐘
13 → 巫婆	14 → 醫師	15 → 鸚鵡	16 → 石榴
17 → 儀器	18 → 尾巴	19 → 救護車	20 → 鵝蛋

　　請將上述數字與解碼後的圖像作聯結，例如數字 4 的形狀像帆船，5 的發音像房屋的屋，柳樹的柳發音與數字 6 相似，數字 7 的形狀像拐杖，數字 8 橫躺時像眼鏡，酒瓶的酒與數字 9 同音，10 讓人想到十字架，11 就是一雙筷子，時鐘盤面上有 12 個刻度，13 號星期五在西方是不吉利的日子，所以令人聯想到巫婆，14 拆開唸為一四，音似醫師，15 拆開唸為一五，音似鸚鵡，16 發音像石榴，17 分開唸為一七，就是儀器，18 分開唸為一八，即尾巴，19 想到 119 救護車，20 的 2 可以唸成鵝，0 狀似蛋，所以可以想成鵝蛋。

1 → 鉛筆	2 → 鴨	3 → 山	4 → 帆船
5 → 房屋	6 → 柳樹	7 → 拐杖	8 → 眼鏡

9 → 酒瓶	10 → 十字架	11 → 筷子	12 → 時鐘
13 → 巫婆	14 → 醫師	15 → 鸚鵡	16 → 石榴
17 → 儀器	18 → 尾巴	19 → 救護車	20 → 鵝蛋

回想以下數字可以轉換成哪些圖像，試著將剛剛記憶的圖畫出來：

數字	動手畫，樂趣多	數字	動手畫，樂趣多
12		13	
18		17	
6		20	

我們繼續練習，將數字 21 ～ 40 的密碼解讀成圖像，參考例子如下：

21 → 鱷魚	22 → 鴛鴦	23 → 駱駝	24 → 糧食
25 → 二胡	26 → 溜冰鞋	27 → 惡妻	28 → 惡霸
29 → 惡狗	30 → 山石	31 → 鱔魚	32 → 嫦娥
33 → 搧扇	34 → 沙士	35 → 珊瑚	36 → 山鹿
37 → 山雞	38 → 山胞	39 → 三角褲	40 → 樹林

將上述數字與解碼後的圖像作聯結。21 唸二一，音似鱷魚，22 看上去就是兩隻鴨，也就是一對鴛鴦，23 是因為駱駝背上有兩座駝峰，24 的 2 是「兩」，4 似「食」，故取其諧音「糧食」，二胡音似 25，26 音似二溜，可想成溜冰鞋。剩下 27 到 40 都是取諧音轉換成圖像，其中 27、28、29 的 2 都因音同「惡」而有惡妻、惡霸、惡狗（9 的台語似狗）這樣具體的畫面。

21 → 鱷魚	22 → 鴛鴦	23 → 駱駝	24 → 糧食
25 → 二胡	26 → 溜冰鞋	27 → 惡妻	28 → 惡霸

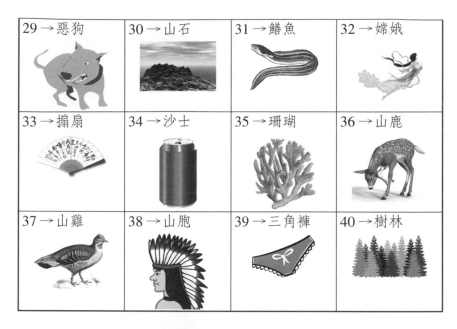

29 → 惡狗	30 → 山石	31 → 鱔魚	32 → 嫦娥
33 → 搧扇	34 → 沙士	35 → 珊瑚	36 → 山鹿
37 → 山雞	38 → 山胞	39 → 三角褲	40 → 樹林

回想以下數字可以轉換成哪些圖像，試著將剛剛記憶的圖畫出來：

數字	動手畫，樂趣多	數字	動手畫，樂趣多
25		27	
29		35	
39		40	

🚀 【數字密碼全腦記憶法實戰演練】

◎接下來我們運用數字 1 ～ 40 解碼後的圖像，來操練你的金
頭腦，試試看是否可以將下列數字記起來：

40283926372311142532，共 20 位數字。

STEP 1 先將上述密密麻麻的數字拆成兩兩一組：

40，28，39，26，37，23，11，14，25，32，可得到
十組數字。

STEP 2 進行密碼解讀，轉換成圖像概念：

樹林，惡霸，三角褲，溜冰鞋，山雞，駱駝，筷子，
醫師，二胡，嫦娥

STEP 3 可利用前面章節練習過的記憶法，如聯想導演故事
法、兩兩相黏串聯法，或是立體空間記憶法，聯結圖
像與圖像記憶，這裡我們使用聯想導演故事法來進行
編導：

樹林中有一個**惡霸**，只穿著一條**三角褲**，腳踩**溜冰
鞋**，正在與**山雞**搏鬥，突然間，一隻**駱駝**衝了出來，
拿著**筷子**不小心戳到**醫師**的眼睛，此時**二胡**樂聲響
起，**嫦娥**從天上飛下來觀看這場混亂的景象！

STEP 4 回憶故事，還原故事中的圖像所代表的原始數字。

STEP 5 請寫出這 10 組數字：

_____

_____

練習將數字 41～60 的密碼解讀成圖像，參考例子如下：

41→死魚	42→食餌	43→溼傘	44→石獅
45→石虎	46→飼料	47→司機	48→骰子
49→石臼	50→武林高手	51→舞衣	52→我兒
53→午餐	54→武士	55→火車	56→566 洗髮精
57→武器	58→我爸	59→鳥腳	60→榴槤

　　48 音近似骰子的台語十八骰仔（sip-pat-tâu-á）的前兩個音，發音也很像絲瓜或 spa，55 類似蒸汽火車發動時汽笛所發出的「嗚嗚」聲，56 令人聯想到台灣的 566 洗髮精、烏溜溜的秀髮，或是偶像團體 5566，60 分開可以唸成「六零」，音似榴槤。其他數字都是透過諧音轉換成圖像。

| 53→午餐 | 54→武士 | 55→火車 | 56→566 洗髮精 |
| 57→武器 | 58→我爸 | 59→鳥腳 | 60→榴槤 |

STEP 1 練習數字與圖像的轉碼。

STEP 2 回想以下數字轉換成哪些圖像？試著抽考自己，將剛
剛記憶的圖像畫出來：

圖像	動手畫，樂趣多	數字	動手畫，樂趣多
41		49	
56		59	
47		43	

STEP 3 回想以下圖像由哪些數字轉換而來？試著抽考自己，
將還原的數字寫出來：

圖像	還原 數字	圖像	還原 數字

　　練習解讀數字 61 ～ 100 的密碼，將這些數字轉換成圖像，參考例子如下：

61 →牛醫	62 →牛耳	63 →硫酸	64 →螺絲
65 →尿壺	66 →溜溜球	67 →油漆	68 →喇叭
69 →牛角	70 →麒麟	71 →奇異果	72 →企鵝
73 →旗杆	74 →騎士	75 →棄物	76 →氣流
77 →乳加巧克力	78 →青蛙	79 →氣球	80 →巴黎鐵塔
81 →白衣天使	82 →白鵝	83 →爬山	84 →巴士
85 →寶物	86 →芭樂	87 →白旗	88 →汽車
89 →芭蕉	90 →左輪手槍／ 歌手 Jolin	91 →救生衣	92 →酒店小二
93 →軍人／舊傘	94 →果汁（juice）	95 →酒壺	96 →酒樓
97 →香港	98 →酒吧	99 →揪揪領結	100 →百步蛇

　　77 可聯想到 77 乳加巧克力，88 像汽車喇叭的「叭叭」聲，90 令人聯想到左輪手槍或是藝人 Jolin 蔡依林，9 月 3 日是軍人節，94 音近似果汁的英文 juice，97 令人想到 1997 年的香港回歸中國。其他數字都是透過諧音轉換成圖像。

61 → 牛醫	62 → 牛耳	63 → 硫酸	64 → 螺絲
65 → 尿壺	66 → 溜溜球	67 → 油漆	68 → 喇叭
69 → 牛角	70 → 麒麟	71 → 奇異果	72 → 企鵝
73 → 旗杆	74 → 騎士	75 → 棄物	76 → 氣流
77 → 乳加巧克力	78 → 青蛙	79 → 氣球	80 → 巴黎鐵塔

81 →白衣天使	82 →白鵝	83 →爬山	84 →巴士
85 →寶物	86 →芭樂	87 →白旗	88 →汽車
89 →芭蕉	90 →左輪手槍／歌手 Jolin	91 →救生衣	92 →酒店小二
93 →軍人／舊傘	94 →果汁（juice）	95 →酒壺	96 →酒樓
97 →香港	98 →酒吧	99 →揪揪領結	100 →百步蛇

STEP 1 練習數字 61 ～ 100 的密碼解讀，看數字想圖像，看
圖像回想數字。

STEP 2 透過兩兩相黏串聯記憶法記憶以下數字：

72、93、91、97、86、78、77、99

80、90、66、64、74、82、68

企鵝圍住軍人→軍人穿上救生衣→救生衣漂流到香港
→香港的店家都在賣芭樂→芭樂塞到青蛙的肚子裡→
青蛙身上揹了許多巧克力→巧克力用領結包裝→領結
吊在巴黎鐵塔上→巴黎鐵塔遭左輪手槍射擊倒塌了→
左輪手槍上綁了溜溜球→溜溜球上鎖了好幾個螺絲→
螺絲掉地上刺破騎士的輪子→騎士揹著白鵝四處兜風
→白鵝一路吹奏喇叭。

STEP *3* 回想串聯的畫面，還原圖像編碼前的數字：

企鵝圍住軍人→想到 72、93 →＿＿＿＿＿＿＿＿＿＿

＿＿＿＿＿＿＿＿＿＿＿＿＿＿＿＿＿＿＿＿＿＿＿＿＿＿

＿＿＿＿＿＿＿＿＿＿＿＿＿＿＿＿＿＿＿＿＿＿＿＿＿＿

＿＿＿＿＿＿＿＿＿＿＿＿＿＿＿＿＿＿＿＿＿＿＿＿＿＿

＿＿＿＿＿＿＿＿＿＿＿＿＿＿＿＿＿＿＿＿＿＿＿＿＿＿

＿＿＿＿＿＿＿＿＿＿＿＿＿＿＿＿＿＿＿＿＿＿＿＿＿＿

＿＿＿＿＿＿＿＿＿＿＿＿＿＿＿＿＿＿＿＿＿＿＿＿＿＿

＿＿＿＿＿＿＿＿＿＿＿＿＿＿＿＿＿＿＿＿＿＿＿＿＿＿

＿＿＿＿＿＿＿＿＿＿＿＿＿＿＿＿＿＿＿＿＿＿＿＿＿＿

＿＿＿＿＿＿＿＿＿＿＿＿＿＿＿＿＿＿＿＿＿＿＿＿＿＿

＿＿＿＿＿＿＿＿＿＿＿＿＿＿＿＿＿＿＿＿＿＿＿＿＿＿

＿＿＿＿＿＿＿＿＿＿＿＿＿＿＿＿＿＿＿＿＿＿＿＿＿＿

＿＿＿＿＿＿＿＿＿＿＿＿＿＿＿＿＿＿＿＿＿＿＿＿＿＿

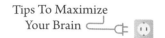
數字 00 ～ 09、1000、10000 又該如何解碼成圖像呢？

參考例子與圖像如下：

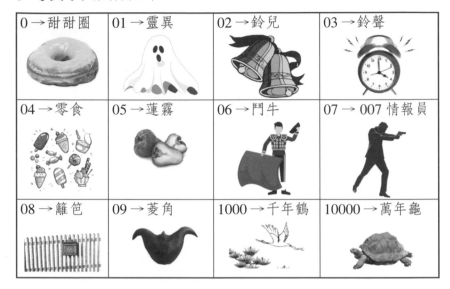

0 → 甜甜圈	01 → 靈異	02 → 鈴兒	03 → 鈴聲
04 → 零食	05 → 蓮霧	06 → 鬥牛	07 → 007 情報員
08 → 籬笆	09 → 菱角	1000 → 千年鶴	10000 → 萬年龜

　　0 是一個中空的圓，形狀跟甜甜圈相似。零可以說成洞，洞六很像鬥牛的音。00 可聯想到 100，百即百步蛇。1000（千）和 10000（萬）可以聯想到中國長壽動物的代表，千年鶴與萬年龜。其他數字都是透過諧音轉換成圖像。

【數字密碼全腦記憶法實戰演練】

◎運用數字密碼全腦記憶法記憶以下歷史事件發生的時間：

年代	事件
1914 年	第一次世界大戰
1939 年	第二次世界大戰
1840 年	第一次鴉片戰爭
1856 年	第二次鴉片戰爭
1206 年	成吉思汗建立蒙古帝國
1553 年	葡萄牙獲得澳門居住權
1673 年	三藩叛亂開始
1689 年	清俄簽訂《尼布楚條約》
1860 年	《北京條約》簽訂
1895 年	清日簽訂《馬關條約》
1901 年	《辛丑條約》簽訂

STEP 1 先將數字轉碼成圖像，透過諧音輔助法將文字也轉為
圖像。

STEP 2 圖像與圖像間透過誇張、不合邏輯、卡通化、情境化
的聯想，將文字與數字訊息進行聯結。

STEP 3 回憶圖像，還原的數字代表年代，還原的文字代表歷
史事件。

STEP *4* 記憶方式如下：

- **1914** 年爆發第一次世界大戰：

  19 →轉換為救護車

  14 →轉換為醫師

  世界大戰→看到戰火

  →戰火延燒，許多救護車（19）與醫師（14）在救
  人。

- **1939** 年爆發第二次世界大戰：

  19 →轉換為救護車

  39 →轉換為三角褲

  第二次世界大戰→地球繞兩次

  →救護車（19）上裝了許多三角褲（39），繞著地
  球跑兩次。

- **1840** 年發生第一次鴉片戰爭：

  18 →轉換為尾巴

  40 →轉換為樹林

  第一次鴉片戰爭→轉換為一隻鴨子

  →鳥兒漂亮的尾巴劃過樹林，一隻鴨子在後面追
  趕。

- **1856** 年發生第二次鴉片戰爭：

  18 →尾巴

  56 → 566 洗髮精或 5566 團體

第二次鴉片戰爭→兩隻鴨子，也就是鴛鴦
→鴛鴦的尾巴要用 566 洗髮精才漂亮。鴛鴦想到 2
隻鴨，也就是第二次鴉片戰爭；尾巴想到 18；
566 洗髮精想到 56，因此，圖像還原後的訊息為：
1856 年第二次鴉片戰爭。

- **1206** 年成吉思汗建立蒙古帝國：

12 →時鐘（鐘盤上有 12 個刻度）

06 →鬥牛

蒙古→蒙古包

→在蒙古包裡，拿時鐘（12）計時鬥牛（06）花了
多少時間。

- **1553** 年葡萄牙獲得澳門居住權：

15 →鸚鵡

53 →午餐

葡萄牙→葡萄

→鸚鵡（15）的午餐（53）是一堆葡萄。

- **1673** 年三藩叛亂開始：

16 →唸十六，即石榴

73 →旗杆

三藩→想成 3 顆番茄或是舊金山的舊譯名三藩市

→石榴綁在旗杆上升上去，降下來時變成了三顆番
茄。

- **1689** 年清俄簽訂《尼布楚條約》：

  16 →石榴

  89 →芭蕉

  尼布楚→前兩字直接聯想到泥布

  →石榴與芭蕉被包在泥布裡。

- **1860** 年《北京條約》簽訂：

  18 →尾巴

  60 →唸六零，即榴槤

  北京→北京烤鴨

  →鴨子尾巴綁上榴槤做成北京烤鴨，味道更特別。

- **1895** 年清日簽訂《馬關條約》：

  18 →尾巴

  95 →唸九五，似酒壺

  馬關→一匹馬被關著

  →馬尾巴綁著酒壺被關起來。

- **1901** 年《辛丑條約》簽訂：

  19 →救護車

  01 →唸零一，似靈異

  辛丑→小丑

  →救護車撞見靈異現象，原來是小丑耍的把戲。

鼎琪老師高效率練習題

◎記憶以下歷史事件發生的年代：

年代	事件
1905 年	中國同盟會成立
1337 年	英法百年戰爭開始
1492 年	哥倫布首航到美洲
1868 年	日本明治維新開始
1993 年	歐洲聯盟建立

STEP *1* 將數字與文字轉換成圖像。

STEP *2* 將圖像與圖像互相進行聯結。

STEP *3* 回憶圖像與圖像聯結的情節畫面、並將畫面畫在需要
記憶的資料旁，以備複習之用。

STEP *4* 還原數字與事件。

STEP *5* 安排時間反覆複習。

動動手，動動腦，將想像的圖像及情節填入下表中：

A 數字解碼	B 數字解碼	C 文字轉換圖像	A＋B＋C 情境聯想
19 →	05 →	中國同盟會成立	→

A 數字解碼	B 數字解碼	C 文字轉換圖像	A+B+C 情境聯想
13 →	37 →	英法百年戰爭	→ _____
14 →	92 →	英法百年戰爭	→ _____
18 →	68 →	日本明治維新	→ _____
19 →	93 →	歐洲聯盟建立	→ _____

——超音速筆記法，看資料如看藏寶圖，賺時又省力

八爪魚賺時記憶法

你知道八爪魚的特性嗎？八爪魚有八條觸腕，三個心臟、複雜的神經系統以及高度敏感的器官，因此牠有著高 IQ 及長期的記憶，且身手矯健。如果我們的記憶力也可以像八爪魚的特性一樣，可以處理高度複雜的訊息、無限延伸我們所學的事物、保留長期的記憶，那豈不是挺好的一件事嗎？你可能不知道，目前有很多資優生以及世界知名的企業家，都在使用八爪魚賺時記憶法，這個方法乃是被喻為世界金頭腦的英國記憶專家湯尼‧布贊（Tony Buzan）所提出的一種輔助思考工具，一般稱為心智圖（Mind Map）、心智繪圖，或是心靈地圖等。

這種方式是透過紙上的一個主題出發，畫出與這主題有關聯的事物，好比一個心臟及周邊的血管圖，或是水域的集中地與周邊的支脈，也好比蜘蛛網的中心點和旁邊呈輻射散出的網一樣，由這種方式來刺激我們大腦思考，大腦將釋放出更多空間來進行想像與創造性思維。

觀察以下這幾張圖：

圖 3-3 樹枝圖

圖 3-4 水域分流

圖 3-5 蜘蛛網

圖 3-6 向日葵

　　這四張圖都是大自然的現象，與我們腦部的神經與細胞結構相仿，均呈現放射狀，類似八爪魚。以下為我們的腦部神經圖：

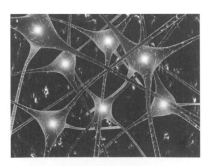

圖 3-7 腦細胞神經元

圖 3-8 腦神經

在八爪魚的地圖記憶練習過程中，我們可以體驗到腦力激盪經過統整與創意的激發後，練就了快速歸檔和記錄筆記的高效率，達到自然而然地記憶與保持長久記憶的效果。

八爪魚地圖記憶法就像一張藏寶圖，也可說是一張地圖上的路徑，清楚記載著每則文章或資訊的來龍去脈，指引我們由前到後、由左到右、由上到下等無限延伸的訊息，非常適合需要處理大量資料的人。以開發超音速客機聞名的波音公司是世界最大的飛機製造商，他們的技師平均要花上三年的時間才能記住甫學會的上萬個機體零件，但是透過八爪魚地圖記憶法，就能省下教育時間與經費等數倍的成本！

只要學會這個技巧，平均要花你三年時間才能完成的事情，縮短在幾個月內就完成，也不是辦不到的事！鼎琪老師運用高效率學習系統，四個小時學會拉小提琴，四個月內辦了一場 400 人的音樂演奏會，在現場用自己的故事以及愛盲樂團老師們的精彩表演，在在提醒我們「凡事都有可能」，有興趣的人，可在 Youtube 搜尋「大膽愛，愛盲慈善活動」或是掃描右方 QRcode，即可觀賞這段表演。

影片傳送門

圖 3-9 雜誌內容

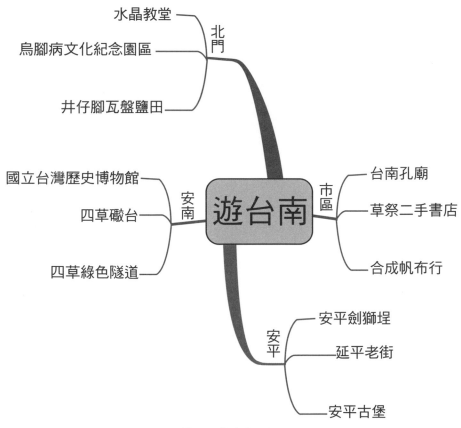

圖 3-10 雜誌重點整理

　　圖 3-9 是截錄自雜誌的一篇常見文字訊息，色彩單調、
內容枯燥、文字未經整理缺乏重點提示。而圖 3-10 卻給我們
截然不同的感受，色彩鮮明、重點一目了然，勾起我們想要
繼續讀下去的欲望，若能讓學習變得跟圖 3-10 一樣有趣，那
我們就成功一半了。

八爪魚地圖的十三項要點提示

1. 一張空白 A4 紙，紙張橫放並固定住。

2. 主題由中心開始往四周分散出去，以彩色畫面呈現，所以
   要備齊五種顏色以上的色鉛筆或原子筆。

3. 主幹與相呼應的支幹盡可能使用同樣色彩的圖像或符號，
   以方便同類主題的辨識。

4. 線條為圓弧狀或統一格式，關鍵字以六個字以內為佳。

5. 圖像與文字儘量簡潔清楚，顏色鮮明，線條勿雜亂。

6. 布局與呈現的畫面要有協調性。

7. 支幹線條彼此須連接在一起，主幹須與中心主題連接在一
   起，不可中斷。

8. 寫在線條上的關鍵字，不要擠在一起，保留適當的距離。

9. 支幹之間若有關聯，可用箭頭來表示彼此之間的關係。

10.文字須工整莫潦草。

11.線條上的關鍵字要統一由左往右書寫。

12.與中心主題連接的主幹從中心向外擴散，線條由粗而細。

13.下筆時，由順時鐘方向開始展開。

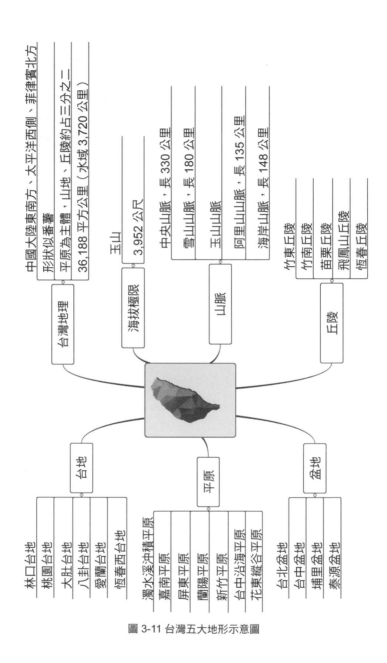

台灣地理
- 中國大陸東南方、太平洋西側、菲律賓北方
- 形狀似蕃薯
- 平原為主體，山地、丘陵約占三分之二
- 36,188 平方公里（水域 3,720 公里）

海拔極限
- 玉山
- 3,952 公尺

山脈
- 中央山脈，長 330 公里
- 雪山山脈，長 180 公里
- 玉山山脈
- 阿里山山脈，長 135 公里
- 海岸山脈，長 148 公里

丘陵
- 竹東丘陵
- 竹南丘陵
- 苗栗丘陵
- 飛鳳山丘陵
- 恆春丘陵

台地
- 林口台地
- 桃園台地
- 大肚台地
- 八卦台地
- 愛蘭台地
- 恆春西台地

平原
- 濁水溪沖積平原
- 嘉南平原
- 屏東平原
- 蘭陽平原
- 新竹平原
- 台中沿海平原
- 花東縱谷平原

盆地
- 台北盆地
- 台中盆地
- 埔里盆地
- 泰源盆地

圖 3-11 台灣五大地形示意圖

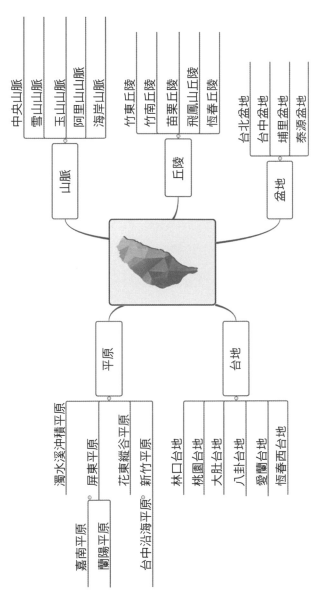

圖 3-12 台灣五大地形示意圖

八爪魚地圖記憶法之黃金七部曲

STEP 1 看到文章、課文或雜誌的重要文摘等，先熟讀幾遍，優先理解內容。

STEP 2 熟讀理解後，開始畫出重點，重點分為首要主題、次要主題，而次次要主題則表示主題發生的理由或主題延伸出來的訊息。標註主題編號與相關訊息的聯結。

STEP 3 看看文章上有幾個主題編號，著手準備構圖。將文字轉化為八爪魚的地圖記憶模式，也就是檢視這篇文章的最大主題並分出幾個次要主題，評估這張圖的主支線分布情形，準備作畫！

STEP 4 把首要主題、次要主題等與其有關聯的關鍵字放進圖中所規劃的路線上。

STEP 5 用關鍵字中的文字或數字做圖像與圖像的記憶聯結。

STEP 6 由我們所畫的圖或所寫的關鍵字，回憶出原文的意義與重點。

STEP 7 蓋起這張圖，回想圖上的路徑，試著還原整篇文章的內容。並記得複習、複習、再複習。

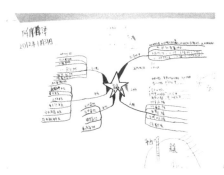

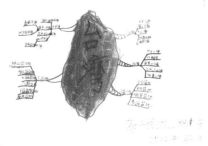

圖 3-13 國小高年級學生繪製　　　　圖 3-14 國小低年級學生繪製
　　　台灣五大地形圖　　　　　　　　　　台灣五大地形圖

　　上面這兩張圖是記憶台灣五大地形的示意圖，圖 3-13 是
國小高年級學生的作品，圖 3-14 是低年級學生的作品，他們
將繁瑣的台灣地形：台地、丘陵、盆地、山脈與平原，透過
八爪魚的地圖記憶法，還原出課文的精髓。

圖 3-15 高年級學生拿著自己繪製的　　圖 3-16 王鼎琪老師與
　　　台灣五大地形圖　　　　　　　　　　低年級學生合影

　　以這兩張學生繪製的台灣五大地形圖為例子，我們來實
際演練一下八爪魚地圖記憶法：

STEP 1　首先整理出台灣有 5 大山脈（中央山脈、雪山山脈、
　　　　玉山山脈、阿里山山脈、海岸山脈）、五大丘陵（竹

東、竹南、苗栗、飛鳳山、恆春丘陵）、四大盆地（台
北、台中、埔里、泰源盆地）、七大平原（濁水溪沖
積平原、嘉南平原、屏東、蘭陽、花東縱谷、新竹、
台中沿海平原）與六大台地（林口、桃園、大肚、八
卦、恆春西台地、愛蘭台地）。

STEP 2 可以歸納出這張八爪魚地圖的中心主題就是台灣地
形，它的支脈分別有五個次要主題：台地、丘陵、盆
地、山脈、平原，將這五個次要主題以五種顏色區分，
每個次要主題內，再把次次要主題分門別類即可。例
如台地有六個小分支，分別為林口、桃園、大肚、八
卦、恆春西台地與愛蘭台地。

STEP 3 最後的記憶法也是重點，透過索引關鍵字找出每個小
分支的關鍵字，如林口的林、桃園的桃，西台地的西、
大肚、八卦、恆春與愛蘭的蘭，透過諧音圖像記憶輔
助法，將圖像串聯成一個場景，聯想情節如下：
樹林裡，一個**大肚**婆頭上插著一朵**蘭花**，一邊吃**桃子**
一邊吐**西**瓜籽，一邊講**八卦**，一副**很蠢**的樣子！

STEP 4 還原成真正的訊息：樹林想到林口，大肚婆想到大肚，
蘭花想到愛蘭，桃子想到桃園，西瓜籽想到西台地，
講八卦想到八卦，很蠢的樣子想到恆春。將這個畫面
收進記憶地圖裡，隨時翻出來複習。

　　八爪魚地圖記憶法比起傳統筆記的呈現方式更加活潑
生動而吸引人，尤其當我們有大量的訊息或考試重點須記憶
時，使用八爪魚地圖記憶法將關鍵字分門別類列舉出來，比
起未經整理的紀錄或內容紛雜的筆記更能讓人一目了然，就
像再看一張藏寶圖一樣，易讀好記，又幫我們賺得了大量時
間！

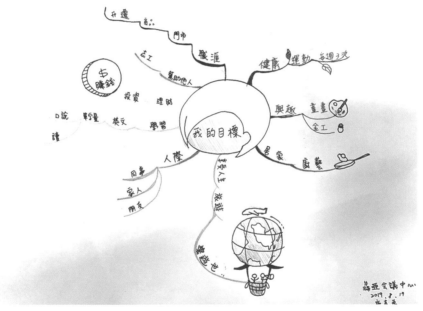

圖 3-17 心智圖應用──目標管理 1

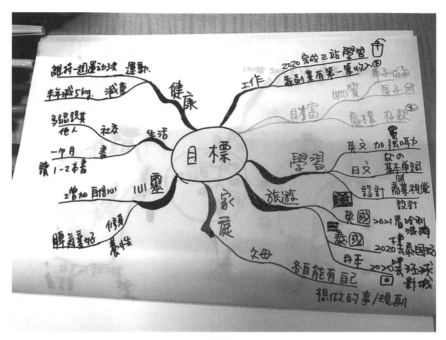

圖 3-18 心智圖應用——目標管理 2

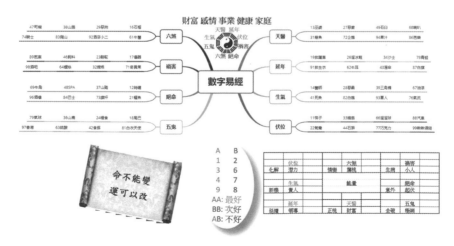

圖 3-19 心智圖應用——易經學習

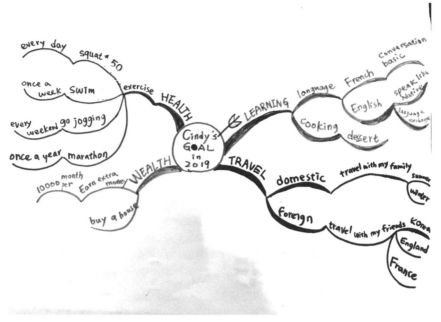

圖 3-20 心智圖應用──英文目標

八爪魚心智圖還可以應運在：會議紀錄、筆記、企畫案、生涯規劃、簡報、市場評估、預習新課程、演講備忘稿、組織表、進度表、考試重點摘要、業務報告、文章大綱歸納、年度計畫表等方面。

　　畫圖的重要提醒就是文字與圖像各 50% 的比重，關鍵字也是非常重要的一環，這邊就來做一個練習：

示範句	動手寫出關鍵字
時間就是大於金錢	
不要只做思想家也要當行動家	
管理好時間等於管理好自己	
工作壓力放鬆的方法就是做開心的事	
天才是 1 分天賦以及 99 分努力的結果	
學習如何學習學習如何創造學習如何思考	
我是第一名	

　　作答完了嗎？自己動手寫下來，能加深印象，讓大腦運轉，答完的人就可以對照下方的的參考答案囉。

示範句	關鍵字參考答案
時間就是大於金錢	時間 > 金錢
不要只做思想家也要當行動家	思想 + 行動
管理好時間可以擁有美好自由的人生	管時間 = 自由
工作壓力放鬆的方法就是做開心的事	開心才放鬆
天才是 1 分天賦以及 99 分努力的結果	天才 = 1 + 99
學習如何學習學習如何創造學習如何思考	學 / 思考 / 創造
我是第一名	我 = No.1

 鼎琪老師小提醒

我們在學習或複習時，若接觸的訊息內容是彩色的、活潑的、有創意的、輕鬆的、高速在運轉的，那我們的大腦就會很願意幫我們工作，使專注時間拉長，學習成效當然也會大大提升，這就是高效率人生學習法的祕訣！

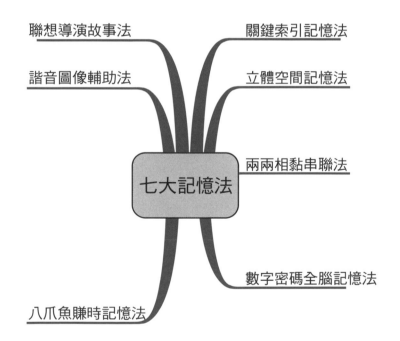

七大記憶法

- 聯想導演故事法
- 關鍵索引記憶法
- 諧音圖像輔助法
- 立體空間記憶法
- 兩兩相黏串聯法
- 數字密碼全腦記憶法
- 八爪魚賺時記憶法

Chapter 4

超越英語力，
做全球生意

——不用死記硬背，英文單字也能記到心坎裡

4-1 下對大腦指令，學好英文超輕鬆

根據美國科技雜誌報導，正常人可以在 1/500 秒辨識任何事物，並將截取的資料轉化成大腦所需的語言，任何人只要透過有效的訓練，都可以瞬間記憶成千上萬筆資料，正確率高達 85 ～ 95%。若此報導屬實，表示一個人可以在一天內記住 1,000 個單字，且成功率高達 96%。重點在於大腦接收的語言或訊息的輸入，必須是容易記憶的圖片畫面。我們可以用下列幾個簡單的日常生活問題問問自己：

- 你還記得國小六年級時揹的書包是什麼顏色嗎？
- 你還記得就讀的小學大門是什麼顏色嗎？
- 五年前遇到的車禍現場，你還記得當時的場景嗎？
- 你是否已想不起國小六年級時國語課本第三課的課文？
- 你想得起來三天前說過哪些話嗎？
- 回憶今天早上吃的早餐，想到的是畫面而不是文字嗎？
- 符號 ⊕ ∞ § 、數字 82746382 都比圖難記嗎？

　　我們大腦在回憶這些事物時，似乎可以想起圖像畫面，但是文字內容卻不再清楚了！

因此，比起用注音標示發音來記憶英文單字，或是拼命抄寫、不斷覆誦等這些限制於左腦運作的學習方式，若能透過右腦將單字轉換為圖像，兩腦並用下，我們的大腦工作起來也會輕鬆許多，英文單字也會好記多了。

所以，無論我們遇到什麼單字，都要為這些單字下點圖像功夫，也就是創造出令我們印象深刻的畫面，在我們的大腦留下痕跡，等待有天需要用到的時候，我們就可以輕鬆地把記憶調出來！不論是學英語、日語、西班牙語還是法語，只要把左腦的文字訊息丟到右腦重新轉碼編碼，任何人都可以輕鬆突破長年來學習語言時所遇到的瓶頸！

字彙即智慧，這就是為什麼單字量很重要！

如同我們若想要提升自己的中文造詣，就必須多熟記古典詩詞與文言文，學習英文也是同樣的道理。英文單字量的多寡，深深影響我們聽說讀寫的能力。學好英文不只是讓我們順利升學，對於進入社會後也具有絕對的優勢競爭力，或許，在國際舞台上，還能有與外國人一同競爭並脫穎而出的武器。

世界知名學府哈佛大學的入學資格，重視的是你的頭腦怎麼想、怎麼學，你現在會的，不表示明天還夠用，因此，你現在怎麼學習將決定你的未來怎麼贏。世界知名的考試如托福、GRE、GMAT、雅思、多益、牛津或劍橋檢定等，都

在大量測試考生的單字量，他們認為字彙量決定你是否有足夠智慧進入他們頂尖的環境中學習。所以，再怎麼偷懶，也不可以少學單字。如果說，多會一個單字，未來就能多賺一塊美金，會不會令你想要多學一點呢！

鼎琪老師高效率練習題

◎你能輕鬆搞定英文嗎？

1. 聽到要背單字，就開始覺得煩悶？　Yes　No
2. 好不容易背完單字，很快就忘了一半？　Yes　No
3. 無法每天持續背三十個單字？　Yes　No
4. 無法聽懂廣播電台 ICRT 老外說英文？　Yes　No
5. 英文說不清楚、講不明白時會緊張？　Yes　No
6. 一直想學好英文卻總是失敗？　Yes　No
7. 找不到有效方法學英文？　Yes　No
8. 英文報紙單字太多看不懂？　Yes　No
9. 很在意英文文法，沒有自信開口說？　Yes　No
10. 認為英文是重要的語言？　Yes　No

【結果分析】

統計一下，如果你有 4 至 6 個 Yes，表示你正處於害怕、挫折、無奈、失望的負面學習中。如果你有 7 個以上的 Yes，你很可能正要放棄學英文。建議你繼續往下看，並立即做出改變、改變、再改變！

——多管齊下，讓你輕鬆提升英文字彙量

4-2 秒速吸收英文單字量的五種方法

我們從小學腳踏車、學游泳、學彈鋼琴，都是經過不斷地操練與歲月的累積，才造就出如今的熟練度，形成我們肌肉的反射動作。相對地，我們學習英文，對單字的熟悉度也來自我們對它的使用量與注重度。

在本書第三篇中，我們認識到了七大記憶法，其中的諧音圖像輔助法、聯想導演故事法，或是八爪魚賺時記憶法，都可以協助我們在茫茫的單字大海中，藉由字首、字根、字尾等的替換，轉換成同義字、反義字、延伸字等，幫我們找到關聯，串起我們對所學單字的記憶，透過整理，這些記憶方式可以幫我們累積知識，加強我們對單字的熟悉度與記憶深度，提升學習的樂趣，並減少資訊因為無效的整理而產生凌亂的碎片，避免「書到用時方恨少」的窘境發生。這需要長期的奮戰，需要規律的記憶管理，也就是要不斷地複習，溫故而知新。

愛因斯坦說過一句話：「懂得運用想像力的人，可以擁抱全世界。」想要擁抱學習英文的美好世界，不妨試試自己

的想像力，你也會發現，學英文真的很有趣，你的世界也將大不相同。

接下來，本章將示範五種方式，教大家如何快速記憶大量龐雜的英文單字。

4-2-1 諧音與聯想圖像法

以 illicit [ɪˋlɪsɪt]（非法的）單字為例，即使我們念了 N 遍，念到口乾舌燥，illicit 還是 illicit，並沒有令人印象深刻的畫面。但是，我們若想像成「一個人絕對不能偷東西，即使是**偷一粒屎**（發音似 illicit）也不行，因為這是非法的」，這麼一來，這個生硬的單字與「偷一粒屎是非法的」就聯結上了。如同你的記憶掛鉤上掛了一副畫，而這副畫是生動、有趣、詼諧、無厘頭、好笑的，你的大腦自然而然就會幫你記憶起這個印象深刻的畫面，等待某天你來提取。

illicit [ɪˋlɪsɪt] 非法的

聯想 ▶▶ 偷一粒屎是非法的。

因此，記單字不是靠硬背，而是靠回想（recall）或喚醒（awake）當初我們儲存的資料來加強印象，而輸入單字畫面時的深刻程度關係著我們回想輸出結果的精準度。

　　我們再來練習幾個單字吧！以 truculent [`trʌkjələnt]（兇狠的、殘酷的）為例，做圖像記憶聯結：truculent 發音類似國語的「抓客人」，因此我們可以聯想以下的畫面：「抓客人」是非常兇狠的行為，在野蠻的村落中經常可見。

truculent [`trʌkjələnt] 兇狠的、殘酷的

聯想 ▸ 抓客人是非常凶殘的行為。

noxious [`nɑkʃəs] 有毒的

noxious 發音類似「那個射死」，以圖像聯結記憶：「那個射死」白雪公主的箭是有毒的。

noxious [`nɑkʃəs] 有毒的

**聯想 ▸ 那個射死白雪公主的箭是有毒
　　　　的。**

abandon [ə`bændən] 丟棄、拋棄、遺棄

abandon 發音類似「鵝半蹲」，以圖像聯結記憶：「鵝半蹲」在門口，求你不要遺棄牠，快幫牠開門！

abandon [ə`bændən] 丟棄、拋棄、遺棄

聯想 ▶ 鵝半蹲在門口，求你不要遺棄牠。

album [`ælbəm] 相簿

album 發音類似「拗本」，以圖像聯結記憶：「拗本」相簿。你把相簿拗壞了，怎麼回憶相片中的景色呢？

album [`ælbəm] 相簿

聯想 ▶ 拗本相簿。

4-2-2 三倍速拆字記憶法

有些單字可以拆解成幾個不同且獨立的字，運用拆字法可以簡化我們的記憶，並且一次學會三個以上的單字。我們以 airsick、airport、airline、aircraft、airforce、aircrew 做示範：

• airsick = air 空氣 / 空中 + sick 生病

　→在空中生病，也就是暈機

• airport = air 空氣 / 空中 + port 港口 / 站

　→讓航空器停靠的站或港口，也就是機場

- airline = air 空氣 / 空中 + line 線 / 線路

  →飛機在空中的飛行路線分屬不同的航空公司、航線

- aircraft = air 空氣 / 空中 + craft 工藝

  →在空中飛行的精密工藝，也就是航空器、飛機

- airforce = air 空氣 / 空中 + force 力量 / 影響力

  →空中的力量，也就是空軍

- aircrew = air 空氣 / 空中 + crew 工作人員

  →在空中服務的工作人員，也就是空服員、機組員

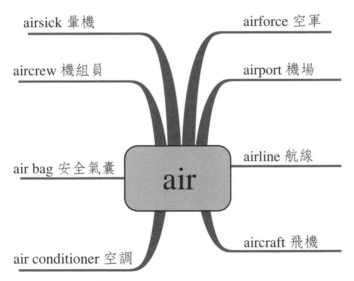

再以 book 開頭的單字如 bookend、booklet、bookmark、
bookstore、bookkeeper、bookrack、bookshelf，練習拆字記憶
法：

- bookend = book 書 + end 結束

  →書看完後，記得放回書架用書擋靠著

- booklet = book 書 + let 允許 / 讓

  →一種可讓人攜帶方便的書，就是小冊子

- bookmark = book 書 + mark 記號

  →書上重點處要作記號，用書籤最方便

- bookstore = book 書 + store 商店

  →成列的書擺放販售的店，就叫書店

- bookkeeper = book 書 + keeper 保管員

  →書的保管員須作記錄，稱為簿記員

- bookrack = book 書 + rack 鋼架

  →書展示擺放的鋼架，叫做閱覽架

- bookshelf = book 書 + shelf 櫥櫃

  →收納書的櫥櫃，叫做書櫃

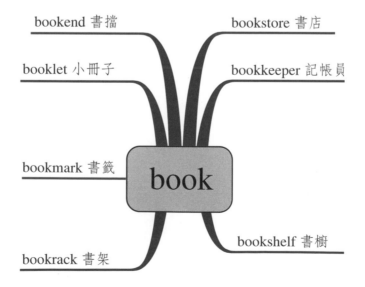

4-2-3 八爪魚賺時記憶法

　　在第三篇第七章中，我們提到英國全腦專家湯尼・布贊博士所研究的放射狀筆記與整合式心智圖，也是極其有效的閱讀管理策略，能夠輕鬆讓大腦記住大量的圖像訊息，更可以為我們整合新舊訊息，有效率地將英文單字、片語、文法等相關訊息進行全面性整合，克服一般人背一個忘一個的通病。只要順著大腦容易接收的模式去進行，再艱深再繁雜的訊息，都能被我們的大腦輕鬆記憶。

　　這無疑對英文學習者有很大的幫助，因為英文字彙量來自我們平日的累積與整理，否則我們會使用的單字仍然有限，無法擴張。因此，有效地整合與大量地吸收與管理是很重要的，有了這些做基礎，我們才能夠靈活地運用英文。

　　英文單字的聯想整理，可分為以下幾類。練習將這些相關的單字繪製成一張八爪魚地圖，能有系統地幫助我們快速記憶單字。

①否定含意的字首整理：

　　下面這張圖的中間畫了一個大叉，表示主題跟否定、不好的意思有關，這些以 anti-、dis-、ill-、im-、in-、ir-、mis-、non-、not-、un- 等開頭的字首，都有否定的含義，單字前面加上這些否定字首，就會變成原來單字的反義詞。舉例來說，American（美國人、美國的），加上字首 anti-，詞

義就變「反美的」。legal（合法的）前面加上字首 ill-，意思就變成「不合法的」。rational（合理的）的反義詞寫做 irrational（不合理的）。這張圖將英文的否定字首詳列出來，同時整理出許多能套用的單字，將繁雜看似無規律的單字經過一番歸納統整，讓記單字變得既輕鬆又省力，好記許多。當我們打從心底覺得學習是件簡單有趣的事情時，我們便會愛上它，並拼命去汲取更多新知。記住，人類是好奇的動物，我們喜歡接受新的事物與訊息，大腦也是，讓我們的英文學習時時刻刻都保持在有趣、新鮮的狀態，再多再難的單字都可以輕鬆搞定！

圖 4-1 英文老師訓練課程結業

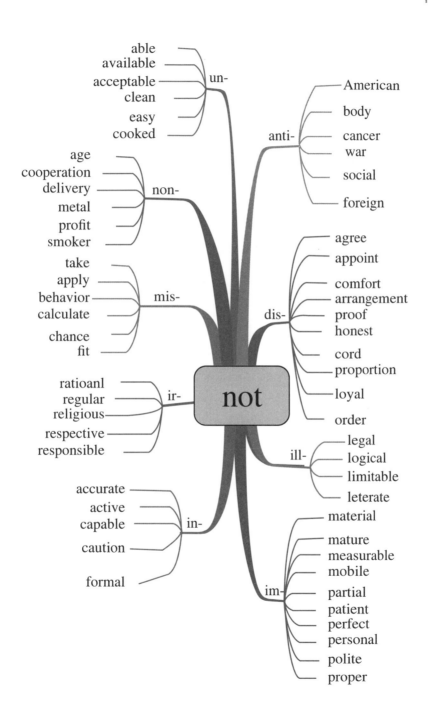

②同義字與片語的整理：

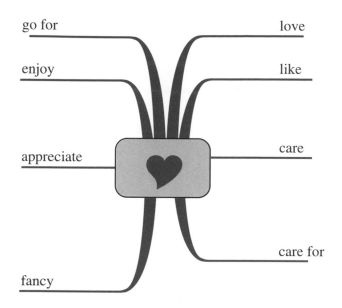

go for

enjoy

appreciate

fancy

love

like

care

care for

　　兩個以上的單字所構成的片語其整理與使用，如果記憶量夠大，記住這些片語，對我們的作文、閱讀與詞句的理解上，都有極大的幫助。

　　因為字彙儲備量不足，很多人對於文章中出現的兩個簡單單字組成的片語是什麼意思都不知道，或是寫作時，寫來寫去往往都是那幾個字，寫不出更漂亮、更精準的句子，更糟的是，還可能詞不達意，因而失去拿高分的機會。有這些症狀的人，同義字與片語的整理對你來說可就相當實用了。我們就以上圖為例，示範如何整理同義字與片語吧。

　　首先，我們看到圖中心畫了一個愛心，表示這是張以

愛為主題的整理，從愛心向四周延伸出去的單字與片語有很多，除了常用的 love、like 之外，還有 care、care for、go for、enjoy、appreciate、fancy 等等，當我們把遇到的生字擺在同個主題之下一起整理後，長期以往，所累積的資料數據就會擴大，接觸到的片語與文法也會因為你的累積，成為你堅強實力的養分。

③多重運用：

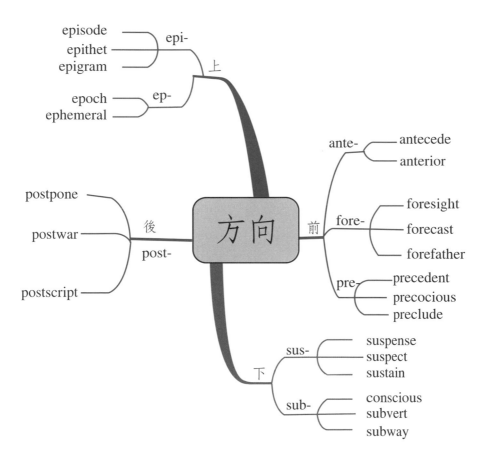

　　將屬性相似、跟方向有關的單字，意即跟上下前後相關的單字整合在一起，除了同義字外，將主題延伸出的單字作水平與垂直的統整。上圖就是將跟方向、前後上下有關的英文單字，經由畫面的呈現，使得平常分散四處的英文單字，因為有了關聯的線索而得以統合歸納。根據圖片所示，方向即為主題，又細分為向上的字首 epi-、ep-，向下的字首 sus-、sub-，向前的字首 ante-、fore-、pre- 與向後的字首 post-，四大類。當我們理解這些字首的意思後，就不難推敲出整個單字的意思了！

④同義字改寫：

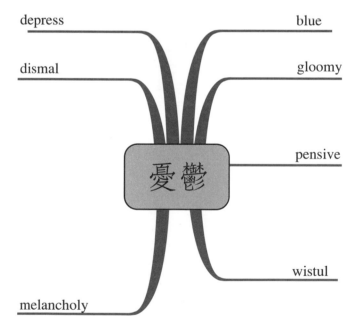

　　上圖為英文單字「憂鬱」的同義詞改寫，這張圖讓我們

知道「憂鬱」的英文單字除了常用的 blue 外，還有其他程度
或用法深淺不一的同義字，包含 gloomy、pensive、wistul，
到 depress、dismal，甚至還有快要得憂鬱症的 melancholy 等。
學習者可以透過這種方式的整理，一次學到許多同義詞，寫
作時，能依情境變化盡情運用不同的單字，還能夠更精準地
闡述自己想要表達的意思。此舉不但可以迅速擴張我們的單
字量，更可為我們的閱讀、寫作爭取高分。

4-2-4 左右張望連結法

第三篇第四章我們學到了立體空間記憶法，採用此法將
訊息記住後，往後無論是按正序、倒序還是隨機抽考，我們
都能應付自如。英文單字也可以這樣嘗試，當遇到陌生單字
時，有時候從左邊看過去時我們可能沒有感覺，這時候可以
試著從右邊往回看，交換角度看一下，說不定會出現你熟悉
的排列組合，再運用聯想將兩字串聯在一起，這個單字對我
們來說就從陌生變熟悉了。

舉例來說，raw [rɔ]（生肉）對你而言若是生字，試著從
右邊往左拼回去，這時候你會發現拼出來 war [wɔr]（戰爭）
這個單字，倘若 war 對你來說是已知的單字，就可以運用已
知的單字來記憶陌生的單字，而且記憶速度還能提升。兩字
的圖像聯結可以想像成：軍人在戰爭時沒時間煮飯，只能吃
生肉！

raw [rɔ] 生肉

war [wɔr] 戰爭

**聯想 ▶ 軍人在戰爭時沒時間煮飯，只能
吃生肉！**

nap [næp]（瞌睡）

nap 從右邊看過去可拼成 pan [pæn]，也就是平底鍋，將兩個
單字互相聯結一下，就可以想像成：學生邊讀書邊打瞌睡，
被媽媽用平底鍋敲醒！

nap [næp] 瞌睡

pan [pæn] 平底鍋

**聯想 ▶ 學生邊讀書邊打瞌睡，被媽媽用
平底鍋敲醒！**

rood [rud]（十字架）

rood 從右往左看，可以拼出 door [dor]（門），將兩個單字互
相聯結一下，我們可以想像成：門上掛著十字架。

rood [rud] 十字架

door [dor] 門

聯想 ▶ 門上掛著十字架。

4-2-5 同音聯想法

學英文時，我們一定會遇到這種情況，有些單字拼法不同，發音卻一樣，這時候你可以準備一本筆記本，記載由 A 到 Z 的同音字群，經年累月下來，字彙量就會在不知不覺中累積，卻不會造成任何記憶負擔。

以 chili [`tʃɪlɪ]（紅番椒）和 chilly [`tʃɪlɪ]（冷颼颼的）為例，我們可以想像成：冷颼颼的天氣裡吃幾根紅番椒，可使身體發熱變暖！

chili [`tʃɪlɪ] 紅番椒

chilly [`tʃɪlɪ] 冷颼颼的

聯想 ▶▶ 冷颼颼的天氣裡吃幾根紅番椒，可使身體發熱變暖！

earn [ɝn]（賺錢）和 urn [ɝn]（骨灰罈）的話，可以聯想成：人一生努力賺錢，最終就是為了要買一個好一點的骨灰罈！

earn [ɝn] 賺錢

urn [ɝn] 骨灰罈

聯想 ▶▶ 人一生努力賺錢，最終就是為了要買一個好一點的骨灰罈！

flu [flu]（流行性感冒）和 flue [flu]（煙囪）兩字的話，可聯想成：流行性感冒病毒都是由煙囪傳入室內，要小心！

flu [flu] 流行性感冒

flue [flu] 煙囪

聯想 ▶▶ 流行性感冒病毒都是由煙囪傳

　　　入室內，要小心！

圖 4-2 高效能訓練會場

——利用常見工具，打造屬於自己的英語環境

4-3 學好英文的十個工具

想學好英文，除了可按照前一章的記憶技巧輕鬆擴充單字、片語、文法外，其實我們還可以利用一些工具或方式，幫助我們記憶，讓我們在學習英文的過程中增添趣味，還能達到事半功倍的效果。以下將分別介紹讓我們學好英文的十個工具，記住，用對方法協助自己學習，可以學得更好更快喔！

1. 記憶卡（單字卡）：

　　這是一種用環扣將數張空白卡片釘在一起的小物件，通常為手拿大小，翻開來有兩面，一面寫上英文單字，另一面寫上中文意思。將我們閱讀課文、書報雜誌或考題時遇到的生難單字記錄在卡片上，可隨時隨地翻閱複習，非常便利。

2. 彩色活頁紙：

　　利用活頁紙不同的顏色與可拆開性，依自己的需求歸納英文單字，例如：①將較難熟記又常考的單字放在紅色的活

頁紙上，將次要而印象模糊的單字放在藍色的活頁紙上，為自己的需求下定義。②用不同顏色的活頁紙區分類別，紅色是常犯的錯誤、文法或考題，藍色是片語的搜集，綠色則是跟詞性的歸類有關等。

3. 不同顏色的色鉛筆或螢光筆：

書寫單字的註解或畫記課文重點時，可以使用不同顏色的筆標示，以作區分，例如，文法的部分用紅色，片語用藍色，生字用橘色等，讓自己的學習過程多一點色彩，強化記憶。

4. 錄音筆：

錄下任何想記的單字、片語、文法提示，在等公車、搭捷運或是運動中，可隨時播放，作為複習。

5. 廣播電台：

多聽英文廣播節目，訓練自己的聽力與發音，不同的電台主持人還可以讓我們熟悉不同的口音。口說英文可訓練我們適應連音，以避免如同大多數人只會看英文，卻不習慣聽口說英文，因聽不懂連音而在聽力測驗上吃虧。

6. 電視探索頻道：

在國家級或國際性的考試中，大多數的閱讀測驗與聽力測驗都以天文、物理、生態等科普或自然現象為主題，常看探索頻道節目，不僅可增加相關知識，也能提升我們的英文程度，在應試時比其他人更具優勢。

7. 參與教會活動：

　　若不排斥宗教活動，可多參加英語教會的聚會，能夠認識許多形形色色的外國人，有些人會分享他們國家的文化與生活習慣，與其他國家的人士作交流，我們可以藉此跟他們交談，不僅可增加對外國文化的了解，也是一個練習聽說讀寫的平台。有的教會有正式的英文教學課程提供大眾免費學習，是個結合了社交、生活、英語學習於一環的優質場所。

8. 訂閱英文雜誌或報紙：

　　定期訂閱英文書報雜誌，培養閱讀理解時事新聞與評論。練習新聞標題、各領域新聞要事的解讀，熟悉新聞專用術語、政要名人、國際事件的英文該如何表示。

9. 寫日記：

養成用英文寫日記的習
慣，能夠強化自己的英文寫作
能力。若經濟許可，也可以上
網找外國家教或按件計酬的老
師協助修改句型與文法。

10. 公眾演說：

訓練自己在眾人面前
英文演說的能力，可以分
享心情、發表對公眾議題
的看法、討論提案、即席
演說等，與一群志同道合
的夥伴參與聚會，互相用英語交談。

 鼎琪老師小提醒

從事語言自學與教學這麼多年來，鼎琪老師發現，要把語言
學好有兩個必要條件，第一就是找出自己學習的強烈動機，
第二是找個志同道合的夥伴或創造環境，想盡辦法讓自己暴
露在學習語言的環境下，身體力行，如果還想要找出其他練
英文的方法，歡迎上 IG 或臉書找 Beyond English Club，讓
鼎琪老師陪你一起想法子。現在，我們就運用曼陀羅思考法
找出自己學語言的動機吧！

 MEMO

Chapter 5

大腦鍛時術，
減少生活用數

——擁有出色的記憶不是天才才有的專利

高效率大腦的賺時生活

在2012 年的世界記憶錦標賽中一舉奪得冠軍的高手是德國人 Johannes Mallow，只要 5 分鐘的時間，他就可以記下如 0110101011100101010 這樣的隨機數字達 855 個、48 個人的臉孔與名字、數字亂碼 949382784010395739 共 443 個、文字 85 組、歷史年代與事件 132 組，在 35.34 秒內記住一副打亂順序的撲克牌。之後的每一屆記憶大賽，這樣驚人的紀錄都時有所聞，一般人只要經過有效訓練，其實都可以在短時間內達到如此的成績。

自 1991 年開始，世界記憶運動委員會年年舉辦世界級的記憶大賽，目的是希望參與者可以時時刻刻訓練自己的心智、大腦記憶，就像鍛鍊自己的肌肉一樣。如同我們每天都需要運動，我們也必須天天鍛鍊我們的頭腦。近幾年來，越來越多的國家開始重視開發頭腦潛能的重要性，例如美國公共衛生局三年花費二十五萬美元在研究一群記憶力超凡的人，結果發現，這些人都只是平凡人，他們的身分與職業遍及各個領域，有學生、消防員、DJ、海軍軍官、老師等，並

沒有特別地與眾不同，這些人只是比一般大眾更願意每天花上好幾個小時訓練自己的大腦罷了。這些頂尖的世界冠軍選手，他們所使用的記憶法正是本書要與大家分享的重點，現在只需你下定決心：每天願意花多少時間學習訓練自己的記憶力？

有句話是這麼說得：「焦點在哪，結果就在哪。」如果你想要過高效率的人生，把自己的大腦提升成為高效率學習腦，你就必須改變現有的學習模式，把秒速學習的觀念植入你的學習與工作當中，這也是為什麼在鼎琪老師的高效率學習系統課程中，為了刺激學員的吸收、整合與輸出訊息所花的時間，經常看到老師時時刻刻拿著碼表在計時。如果我們現在就把焦點放在與時間競速上，相信每一個人工作與學習的成效都會變得非常有效率。

⚙️ 掌握每天的賺時時刻

你知道一天當中什麼時候是最佳記憶時刻嗎？請看下述分析：

* 第一時間：早晨剛起床時，尚未有新的資訊干擾，這時記憶資料的印象最為清楚。
* 第二時間：上午 8 點到 10 點，此時精神上升至旺盛期，處理事物效率高，記憶量增強。
* 第三時間：下午 6 到 8 點，這是下午記憶的最佳時刻。

- 第四時間：臨睡前的 1 個小時，記憶資料後就入睡，不再有新資訊輸入，沒有訊息相互抑制的影響。

以上整理出四個黃金記憶時段，利用不同時段，讓自己的思考能力處於最佳、最嚴謹周密的巔峰吧。

注意每天的飲食均衡

1. 鋅：

英國研究報告指出，患有誦讀困難症的學生往往缺鋅，這個猜測與實驗得知缺鋅的動物模仿能力亦是大大降低。多補充含鋅的食物，如玉米、牡蠣、貝類等，可以加強我們的記憶力！

2. 鐵：

缺鐵會造成貧血，影響身體發育，使大腦運轉速度降低。我們須多補充含鐵的食物，如肉類、豬肝、葡萄等。

3. 卵磷脂：

　　大腦神經系統的信息傳達，主要是藉著化學物質乙醯膽鹼，這種化學物質可以使衰退的記憶力迅速恢復，而卵磷脂可使大腦產生大量的乙醯膽鹼，所以我們也必須補充含卵磷脂的食物，如大豆、蛋類等。

4. 亞麻油酸：

　　食物中的亞麻油酸是合成卵磷脂的主要成分。含亞麻油酸的食物有豆製品、蛋類、金針菇、木耳、核桃、芝麻等。

5. DHA：

　　人腦缺乏 DHA，學習及思維能力都會下降。魚類富含DHA，可以多吃秋刀魚、鮭魚、鯖魚等深海魚類。

6. 均衡飲食：

　　定時定量，每餐只吃七分飽，加上持之以恆的運動。

⚙ 每天持續訓練專注力

1. 運用積極目標的力量，發揮吸引力法則：

當我們有所自覺，給自己設定了一個提高注意力和專注力的目標時，你就會發現，在非常短的時間內，集中注意力的能力會有迅速的發展和變化。我們每天需有一個目標，從現在開始要比過去善於集中注意力，運用信念與正面積極的吸引力，吸引好的能量與自信，想像自己可以辦得到，造就堅不可摧的能力。無論做任何事情，一旦進入專注狀態，我們就能夠完全不受外在干擾。隨時隨地可集中自己的注意力，是一個成功者必備的特質。

2. 將專心當作興趣培養：

專心是需要培養的，把它當成一種興趣，試著給自己設置一些訓練的科目、訓練的方式、訓練的手段等，甚至我們可以仿效大思想家、大文學家、大政治家、大軍事家、大企業家等知名人物的專注力，訓練自己的注意力。將專心的能力當成興趣在培養，就不會覺得有什麼困難了。

3. 排除內外因素的干擾：

拋開吵雜不適合專注這樣的想法。世界記憶比賽中的選手，各個都可以在環境吵雜的狀態下完成各項任務，因此，我們都是可以被訓練的，即使家住在菜市場或校園操場邊，或身處在一群吵鬧不休的同事中，我們都可以擁有完全不受

外界干擾的專注力，試著排除自己心中的雜念，相信自己只要想專心，沒有任何內外因素可以左右我們。

4. 節奏分明的專注學習與休息：

雖然大多數人自一早便開始複習功課，書也一直在手邊，但吸收效率卻很低，這是因為他們沒有專注在書上，而是這邊碰碰那邊玩玩，往往一天就這樣過去了。既沒有休息到，也沒辦法全心玩，學習成效也不高。這種節奏不分明的態度讓我們無法集中學習的火力，無法好好吸收知識。所以，先練習集中一小時的專注力，試著背下 60 個英文單字。在完成高度集中力的學習後，休息片刻，給自己一些調劑放鬆的活動。當需要再次進入學習狀態的時候，再高度提起注意力。重複這樣收放的狀態，反覆練習，讓自己習慣在動靜分明的節奏中學習，如此一來，學習成效將更勝以往。

5. 清靜內外部空間：

當我們在家中複習功課或學習時，請將書桌上與學習內容無關的其他物品全部清走。在我們的視野範圍中，只有現下要學習的科目。接著，讓自己迅速進入學習的狀態。如果能夠做到一分鐘之內進入學習狀態而沒有其他雜念，是非常了不起的一件事。如果在半分鐘就能進入狀態，就更加令人佩服。如果一坐在書桌前就能立刻進入狀態，那便是天才！

6. 不在難處上停留：

你是否察覺，當我們可以輕鬆理解的事物或有興趣的

事物，去探究、觀察它時，比較容易集中注意力。例如對於喜歡英文的人而言，上英文課就比較容易專心，會期待英文課的到來。反之，不喜歡數學的人，因為缺乏興趣，對老師的授課內容又缺乏足夠的理解，就可能造成注意力下降的情形。我們在學習的過程中，難免會遇到無法解決的題目或看不懂的概念，這時千萬不要因為被卡住而灰心放棄，即便做了努力還是無法釐清觀念，也沒關係，先將這些卡住你的問題放一邊，繼續往下讀，也許後面的內容是我們能夠理解的，透過後面的解釋或蛛絲脈絡，前面這些讓你困惑的問題，也將得到頭緒了。別讓我們的大腦產生抗拒而停止幫我們高速工作！就如世界第一的潛能激發大師安東尼・羅賓所說得：「成功在於我們如何隨時保持在最好的巔峰狀態，學習當然也需要好的巔峰狀態，讓我們有更好的續航力長期學習。」

圖 5-1 愛盲音樂會現場

——善用圖像聯結技巧，輕鬆破譯金庫密碼

高效率數字解碼祕辛

你聽過只要三分鐘就能賺進 10 萬元獎金的事嗎？台灣有段時期流行這樣的電視競賽節目，遊戲參賽者若能憑著高超的記憶力打開金庫密碼的話，就能獲得高額獎金或一部車。沒想到，絕佳的記憶力還能夠幫我們賺取外快嗎？你也快來挑戰看看吧！

假如金庫密碼為左一、右三、左四、右五、左 0、右一、左五、右六、右 0、左二等時，我們該如何記憶這些訊息呢？藉由前面章節說明過的技巧，依照以下步驟進行練習：

STEP 1 運用諧音圖像輔助法與數字密碼全腦記憶法，將訊息轉換成圖像，以下採用諧音圖像輔助法進行轉換。

左一至左 0：

左一→桌椅	左二→左耳	左三→桌扇	左四→走私品
左五→農作物	左六→佐料	左七→酒雞	左八→酒吧
左九→桌球	左 0 → Jolin		

右一至右0：

右一→泳衣	右二→誘餌	右三→油傘	右四→魷魚絲
右五→藥壺	右六→楊柳	右七→油漆	右八→腰包
右九→藥酒	右0→幽靈		

STEP 2 可運用兩兩相黏串聯法、聯想導演故事法或是立體空間記憶法，將一個個轉化的圖像互相聯結。先將金庫密碼轉換成具體圖像：

左一→**桌椅**、右三→**油傘**、左四→**走私品**、右五→**藥壺**、左0→**Jolin**、右一→**泳衣**、左五→**農作物**、右六→**楊柳**、右0→**幽靈**、左二→**左耳**

再用兩兩相黏串聯法將圖像與圖像串聯：

桌椅壓壞油傘→油傘綁了走私品→走私品浸泡在藥壺中→藥壺掛在 Jolin 的脖上→Jolin 穿著泳衣跳舞→泳衣藏在農作物中→農作物旁邊有楊柳樹→楊柳樹幹上垂吊著一個幽靈→幽靈的左耳尖尖的！

STEP 3 試著回想圖像並還原成最初的訊息。時常反覆操練，我們對於訊息與圖像的轉換速度以及記憶速度就會加快許多！

當然，剛開始還不熟練時，會覺得吃力，記憶的圖像畫面也不清楚。因此，我們可依自身的喜好或熟悉的事物來定

義訊息轉換的編碼內容，如此一來，不僅可增強圖像在腦海
中的印象，轉換運用起來也會比較容易上手。

　　上述的金庫密碼也可以利用數字密碼全腦記憶法來進行
圖像的轉換：

STEP 1 轉碼：

　　　　將所有的「左」聯想成 9，所以左 0、左 1……左 9
　　　　會得到 90 至 99 的數字，接著再將數字轉換成圖像聯
　　　　結：

91 → 救生衣	92 → 酒店小二	93 → 軍人	94 → 果汁
95 → 酒壺	96 → 酒樓	97 → 香港	98 → 酒吧
99 → 揪揪領結	90 → 左輪手槍		

　　　　將所有的「右」看成 1，所以右 0、右 1……右 9 會
　　　　得到 10 至 19 的數字，再將數字轉換成圖像：

11 → 筷子	12 → 時鐘	13 → 巫婆	14 → 醫師
15 → 鸚鵡	16 → 石榴	17 → 儀器	18 → 尾巴
19 → 救護車	10 → 十字架		

　　　　將金庫密碼轉換成圖像：

　　　　左一→**救生衣**、右三→**巫婆**、左四→**果汁**、右五→**鸚
　　　　鵡**、左 0 →**左輪手槍**、右一→**筷子**、左五→**酒壺**、右
　　　　六→**石榴**、右 0 →**十字架**、左二→**酒店小二**

STEP 2 運用汽車的立體空間記憶法，一個位置掛吊一個圖像：

編碼與立體空間	聯結金庫轉碼圖像
1. 車牌	車牌上面掛著一件救生衣
2. 車燈	巫婆坐在車燈上
3. 引擎蓋	果汁放在引擎蓋上加熱
4. 雨刷	鸚鵡在扯雨刷
5. 擋風玻璃	擋風玻璃被左輪手槍射出大洞
6. 車把	車把上面插了一雙筷子
7. 車門	車門上掛著酒壺
8. 喇叭	喇叭是石榴做的
9. 方向盤	方向盤上面有一個十字架
10. 儀表板	儀表板上的指針造型是酒店小二

STEP 3 回憶並還原。

選用自己熟悉的記憶法進行編碼轉換，當你練習得越多，甚至可以自由編碼時，恭喜你，你已經會融會貫通囉！

——生活百態，也是訓練記憶的好材料

高效率的日常生活應對

日常生活中，我們經常面臨到需要花力氣去記憶的事物，像是親友生日或電話、客戶的名字與職稱、網站的帳號密碼等等，卻也常發生忘記或是只有模糊印象的情形，造成生活上的不便，延遲辦事的效率，著實令人懊惱。前面教過的記憶法，不僅可以用在我們的讀書或工作上，針對日常生活中需要記憶的地方，也是相當實用的。

接下來，我們就以日常生活中經常碰到需要記憶的幾個地方，帶大家一一做個練習吧。

高效率電話號碼記憶

◎請記住以下地點與電話號碼：

台北市教育局 2720-8889

STEP 1 先將中文與數字轉碼：

代表教育局的圖像可以是書本、成績單等等。

接著將電話號碼兩兩拆解：

數字 27 密碼轉換成圖像是「惡妻」，20 是「鵝蛋」，
88 是「汽車」，89 是「芭蕉」。

STEP 2 將轉碼後的圖像互相聯結：

有一本書，內容描述一位惡妻咬著鵝蛋，衝進一部汽車裡去搶芭蕉的故事。

STEP 3 回憶故事，並還原正確資料：

教育局電話：＿＿＿＿＿＿＿＿＿＿＿＿＿＿＿＿＿

鼎琪老師高效率練習題

◎依照上述步驟，練習記憶以下兩組地點與電話號碼：

台北市立圖書館	2755-2823
鴻漸文化讀者服務	2248-7896

STEP 1 轉碼：

＿＿＿＿＿＿＿＿＿＿＿＿＿＿＿＿＿＿＿＿＿＿＿

＿＿＿＿＿＿＿＿＿＿＿＿＿＿＿＿＿＿＿＿＿＿＿

＿＿＿＿＿＿＿＿＿＿＿＿＿＿＿＿＿＿＿＿＿＿＿

STEP 2 聯結：

＿＿＿＿＿＿＿＿＿＿＿＿＿＿＿＿＿＿＿＿＿＿＿

＿＿＿＿＿＿＿＿＿＿＿＿＿＿＿＿＿＿＿＿＿＿＿

＿＿＿＿＿＿＿＿＿＿＿＿＿＿＿＿＿＿＿＿＿＿＿

STEP 3 還原：

_____

_____

_____

⚙ 高效率股票代碼記憶

◎請記住以下公司及其股票代碼：

玉山金控	2884

STEP 1 玉山讓人聯想到玉山銀行的商標、服務員或玉山山頂。

STEP 2 數字 28 轉換為「惡霸」，84 轉換為「巴士」，所以可以聯想成：

玉山銀行遭到惡霸開著巴士闖入搶劫。

STEP 3 回想並復原：

_____

_____

⚡ 鼎琪老師高效率練習題

◎依照上述步驟，練習記憶以下三組公司與其代碼：

三陽	2206
華航	2610
王品餐飲	2727

`STEP` *1* 轉碼：

_____

_____

`STEP` *2* 聯結：

_____

_____

`STEP` *3* 還原：

_____

_____

⚙ 高效率生日訊息記憶

◎如何輕鬆記住親朋好友的生日呢？以下就籃球好手林書豪
　的生日 8 月 23 日進行練習。

`STEP` *1* 可用 12 個生肖、12 種花卉或 12 種顏色來代表每個
　　　　月份。下表以生肖來表示 12 個月份，也符合正序的
　　　　排列，忘記哪個月份代表哪個生肖時，直接從頭開始
　　　　往下數就可以了：

1 月→鼠	2 月→牛	3 月→虎	4 月→兔
5 月→龍	6 月→蛇	7 月→馬	8 月→羊
9 月→猴	10 月→雞	11 月→狗	12 月→豬

8 月想到「羊」，23 想到使用數字密碼全腦記憶法中轉換後的圖像「駱駝」。

STEP 2 將林書豪和羊、駱駝作聯結：

林書豪的頭型很像羊，眉毛與眼睛跟駱駝峰一樣高聳！

STEP 3 回想與還原：

_____

_____

🔆 鼎琪老師高效率練習題

◎依照上述步驟，練習記憶以下兩人的生日密碼：

| 劉德華 | 9 月 27 日 |
| 貝克漢 | 5 月 2 日 |

STEP 1 轉碼：

_____

_____

_____

STEP 2 聯結：

_____

_____

STEP 3 還原：

_____

_____

⚙ 高效率撲克牌記憶

◎我們休閒時會跟同學、朋友一起玩撲克牌遊戲，又該如何
記憶牌卡的花色及數字呢？以下的表格為簡單的說明：

花色	花色轉換數字	數字編碼	數字轉換圖像
梅花 ♣	花色是三片花瓣，用 3 代表	梅花 1 →編碼為 31	31 → 鱔魚
黑桃 ♠	直接觀察數字	黑桃 1 →編碼為 1	1 → 鉛筆
紅心 ♥	愛心分左右兩半，用 2 代表	紅心 1 →編碼為 21	21 → 鱷魚
磚塊 ♦	磚塊有四邊，用 4 代表	磚塊 4 →編碼為 41	41 → 死魚

按照上表，以梅花6、黑桃5、紅心9、磚塊6、黑桃8、梅花9、磚塊7、黑桃9、梅花7、紅心5的撲克牌順序為例，練習記憶牌卡的花色與數字。

STEP 1 轉化編碼：

梅花 6 → 36	黑桃 5 → 5	紅心 9 → 29	磚塊 6 → 46	黑桃 8 → 8
梅花 9 → 39	磚塊 7 → 47	黑桃 9 → 9	梅花 7 → 37	紅心 5 → 25

STEP 2 編碼後轉成圖像：

36 → 山鹿	5 → 房屋	29 → 惡犬	46 → 飼料	8 → 眼鏡
39 → 三角褲	47 → 司機	9 → 酒	37 → 山雞	25 → 二胡

STEP 3 聯結圖像與圖像。可以選擇第三篇中教過的各項記憶法，這裡以聯想導演故事法進行演示！

有一隻山鹿衝進一間房屋，與惡犬搶奪飼料，弄掉了眼鏡，一旁頭戴三角褲的司機，正在喝著酒烤著山雞，愜意地拉著二胡。

STEP 4 還原故事中的關鍵圖像，將圖像轉換回撲克牌的花色與數字：

_____

_____

_____

⚙ 高效率臉盲破除術

　　我們的命運除了掌握在自己手裡，也有很大一部分是受到周遭朋友他們的信念、習慣、成就等的影響。正如前言提到的，核心圈的水平影響著我們的結局，很多時候這些人是我們一天中花最多時間相處的人，所以仔細觀察他們的健康、財富或幸福指數，從他們身上可以看到我們自己未來的藍圖。既然朋友在我們的社交圈扮演如此重要的角色，認識新朋友就是拓展社交圈、審視自己核心圈的不二法門。然而拓展社交圈經常延伸出一個常見的情形，就是叫不出剛剛交換過名片的人的名字，或是記不得對方的長相，這時，為避免尷尬，男生我們一律都稱呼帥哥或是哥，女生都叫美女或姐，對不對？所以克服臉盲，看到人就叫得出名字，就是現在我們要練習的重點。

　　練習記住以下三人的名字與長相：

王曉玲　　　　　　金月娥　　　　　　唐建

STEP *1* 將名字轉換成圖像：

王曉玲： 王→王冠 曉玲→小鈴鐺	金月娥： 金→金幣 月娥→月亮、嫦娥	唐建： 唐→唐老鴨 建→劍

STEP *2* 觀察特徵：

王曉玲： 大眼睛、小嘴巴	金月娥： 齊瀏海、眉毛彎	唐建： 捲髮、黑皮膚

STEP *3* 將圖像與特徵聯結：

王曉玲：眼睛跟王冠上的寶石一樣大，嘴巴跟小鈴鐺
一樣小。

金月娥：瀏海上掛著一枚金幣，月上的嫦娥笑得眉毛
都彎了。

唐建：黑皮膚的唐老鴨拿著一把劍，去把頭髮燙捲了。

鼎琪老師高效率練習題

◎依照上述步驟，練習記憶以下三人的名字與特徵：

湯華

古天憲

鍾文善

	湯華	古天憲	鐘文善
Step1 名字轉圖像			
Step2 觀察特徵			
Step3 聯結			

鼎琪老師小提醒

日常生活中，只要需要用大腦記憶時，都可使用七大記憶法
幫我們記憶任何資料與訊息，不再僅限於學習上或工作場
合，日常生活中，只要有需要，都能隨時運用。平常動動腦，
順便複習七大記憶法，不只可以鍛鍊我們的大腦，還能夠讓
生活過得更便捷順暢，何樂而不為呢？

Chapter 6

向世界級學習，
成效來自模仿

記憶訓練 2.0 版

本書中陸陸續續介紹了許多不同方式的記憶技巧，像是第三篇中的七大記憶法，就是利用圖像、諧音來進行聯想，強化大腦的記憶，為了提升大家對這些技巧的熟練度與學習成效，這一篇就給大家多一點的練習項目，畢竟經由不斷地練習與鍛鍊我們的大腦，方能使我們的腦力與記憶力不斷向上提升，不易流失好不容易記住的訊息。

以下有一連串的練習題庫，看題目，想一想，用哪種記憶法最容易記憶，並將關鍵字或聯想到的圖像記錄下來，再進行聯想與記憶。

鼎琪老師高效率練習題

① 世界上最偉大的銷售員喬‧吉拉德 20 個定律：

- 我是第一名！
- 我是最棒的！
- 我相信我能做到！
- 一切奇蹟要靠自己創造！

- 走出去，讓大家認識我！
- 我每天都在發出愛的訊息！
- 我珍惜我生命中的每一天！
- 我不會把時間白白送給別人！
- 我的成功來源於我的好習慣！
- 一切由我決定，一切由我控制！
- 總有人要為我今天的起床付出代價！
- 我的生活中，從來沒有「不」這個字！
- 我就是一個推銷員，我熱愛我的工作！
- 我笑著面對他，我的錢在他的口袋裡！
- 我會向著目標，把所有發動機全都啟動！
- 從今天起，直到生命最後一刻，用心笑吧！
- 我一定會捲土重來，笑到最後才算笑得最好！
- 恐懼的人，心將受苦，因為恐懼會使他受苦！
- 推銷的要點不是推銷商品而是推銷我自己！
- 我一定會讓你買我的產品，因為我一直在行動！

練習時間：＿＿＿＿＿＿＿＿＿＿＿＿＿＿＿＿＿

＿＿＿＿＿＿＿＿＿＿＿＿＿＿＿＿＿＿＿＿＿＿＿＿

＿＿＿＿＿＿＿＿＿＿＿＿＿＿＿＿＿＿＿＿＿＿＿＿

＿＿＿＿＿＿＿＿＿＿＿＿＿＿＿＿＿＿＿＿＿＿＿＿

＿＿＿＿＿＿＿＿＿＿＿＿＿＿＿＿＿＿＿＿＿＿＿＿

＿＿＿＿＿＿＿＿＿＿＿＿＿＿＿＿＿＿＿＿＿＿＿＿

②新詩鑑賞——記憶徐志摩的〈再別康橋〉：

> 輕輕的我走了，正如我輕輕的來；
> 我輕輕的招手，作別西天的雲彩；
> 那河畔的金柳，是夕陽中的新娘；
> 波光的豔影，在我心頭蕩漾。

練習時間：_____

_____

_____

_____

_____

③記憶中國歷史上各朝代的重要器物、事蹟或發明：

商代	青銅器
宋元	航海事業
唐	雕版印刷
宋	活字版印刷
元	木版活字輪盤印刷
宋	火（藥）箭
北宋	霹靂炮
東漢	渾天儀、地動儀
元	仰儀、授時曆
明	天文台

練習時間：_____

_____

_____

_____

_____

_____

_____

④記憶網路評選人與人間最有共鳴的十大話題：

1. 八卦消息	6. 國家榮耀
2. 政治新聞	7. 旅遊資訊
3. 創業商機	8. 演藝娛樂
4. 名貴配件	9. 美食品味
5. 兩性關係	10. 社會新聞

練習時間：_____

_____

_____

_____

_____

_____

⑤銷售訣竅：客戶最想聽到的 20 項期待：

- 只要告訴我事情的重點就可以了。

- 告訴我實情。

- 我要一位有道德的推銷人員。

- 給我一個理由，為什麼這商品最適合我。

- 證明給我看。

- 讓我知道我並不孤單，告訴我與我處境類似者的成功案例。

- 給我看一封滿意的客戶來信。

- 我會得到什麼樣的售後服務。

- 向我證明價格是合理的。

- 告訴我最好的購買方式。

- 給我機會做選擇。

- 強化我的決定讓我覺得買得很有信心。

- 不要和我爭辯。

- 別把我搞糊塗了，說得越複雜，我越不可能購買。

- 不要告訴我負面的事。

- 不要用瞧不起我的語氣和我談話。

- 別說我購買的東西或我做的事情錯了。

- 我在說話的時候，注意聽。

- 讓我覺得自己很特別。

- 讓我笑，讓我有好心情，我才能購買。

練習時間：

⑥記憶中國古兵書三十六計（成語）：

瞞天過海	圍魏救趙	借刀殺人	以逸待勞
趁火打劫	聲東擊西	無中生有	暗渡陳倉
隔岸觀火	笑裡藏刀	李代桃僵	順手牽羊
打草驚蛇	借屍還魂	調虎離山	欲擒故縱
拋磚引玉	擒賊擒王	釜底抽薪	混水摸魚
金蟬脫殼	關門捉賊	遠交近攻	假道伐虢
偷梁換柱	指桑罵槐	假癡不癲	上屋抽梯
樹上開花	反客為主	美人計	空城計
反間計	苦肉計	連環計	走為上策

練習時間：_____

_____

_____

_____

_____

_____

_____

_____

_____

_____

⑦記憶自然景觀帶的特色與分布：

氣候類型	分　布
熱帶雨林	赤道地區
熱帶季風	東亞、東南亞、西非沿海
溫帶地中海型	中緯度地區的大陸西岸
溫暖帶	溫帶大陸
熱溫帶	溫帶大陸
副北極	加拿大、北歐、西伯利亞
極地	北極海岸
高地	高山上部
溫帶大陸性	溫帶大陸
熱帶莽原	馬達加斯加島、巴西高原、東非、中美洲
半乾燥	沙漠邊緣
沙漠	沙漠區

練習時間：＿＿＿＿＿＿＿＿＿＿＿＿＿＿＿＿＿

＿＿＿＿＿＿＿＿＿＿＿＿＿＿＿＿＿＿＿＿＿＿＿＿

＿＿＿＿＿＿＿＿＿＿＿＿＿＿＿＿＿＿＿＿＿＿＿＿

＿＿＿＿＿＿＿＿＿＿＿＿＿＿＿＿＿＿＿＿＿＿＿＿

＿＿＿＿＿＿＿＿＿＿＿＿＿＿＿＿＿＿＿＿＿＿＿＿

＿＿＿＿＿＿＿＿＿＿＿＿＿＿＿＿＿＿＿＿＿＿＿＿

—— 讓你記得快又牢，字彙量暴增

6-2 輕鬆搞定英文單字

當人們在說「世界是平的」時，已為我們的生存之道無疑地載明著：語言力將成為你在這競爭的世紀中，生存下去的必要條件。除了中文力，目前仍被視為全球溝通語言的英語力的提升，儼然是學子們務必要下功夫的課題，利用英語協助自己站在制高點，與世界資源結合，擁有世界人脈與財富。

本書在前面第四篇中已經強調過，英語力的提升與我們的學習力與字彙量有絕對的關係！這裡再次提醒讀者，在英美等先進國家中，若想進入高等學府必得接受字彙測驗，測驗學生對字彙的了解和用法來評定學生的能力。同樣地，不只限於學生，對社會人士而言，英語的字彙量也是非常重要的。字彙能力越高者，表達能力越強，在許多方面都更有優勢以超越他人。每個人都可以培養自己增加字彙的能力，訣竅在於時間的掌握及記憶的效期。

第四篇的〈超越英語力，做全球生意〉之所以使學習者印象深刻，在於其透過視、聽、觸覺的感官吸收來對知識進

行消化。感官式的情境記憶，是每個人無時無刻在發生的，
然而，它卻和記憶力有相當的差別。換句話說，我們對路上
的行人或景象是進行感官輸入而不發生記憶行為的。但為何
這些感官輸入能帶給我們深刻的印象？這就是善用右腦功能
的神奇功效。

　　運用圖像式記憶，可以激發學習者對於背單字所創造出
的想像力及高效能力作詮釋。如果將英文單字透過諧音產生
畫面，用誇張的動畫表達方式、色彩、味道的聯想來記憶，
學習中你所感受到的是莞爾一笑，是領悟，也是種感動。人
在有趣的氛圍下學習，自然大腦就願意輕鬆工作。相反的，
人在壓力下，輸入與吸收就會變得失常。而上帝造人給了我
們每個人不用花錢就擁有的想像力，以英文單字來說，本書
的圖像英文記憶法，讓每個人都可以用自己喜歡的方式來想
像，即使很誇張、幽默、不合邏輯也沒關係，這樣反而可以
讓右腦記憶得更清楚。

　　必要時在你的想像中加入色彩，最重要的是，你所「創
造」的記憶方式，將會一直跟隨你。有效學習就是要先選對
方法，配合所能提供的影音環境，才能帶給學習者輕輕鬆鬆、
無限學習的樂趣。「One picture is worth thousands of words.」
正是百聞不如一見之道理。能在你腦中刻劃一幅生動的圖
像，即可創造無限的可能。

見證 3 天記下 1 千個單字

我經常應邀到各校、學習場合演講，發現大部分的人對於每天記 10 個單字普遍可以接受，但如果每天要記 20 個單字，就會覺得有些難度。「其實，只要用對方法，3 天就能記下 1 千個英文單字喔！」我總是這樣說。這個數字可不是我隨便說說，或是我個人的經驗而已，而是從數千位上過我開設的英文單字記憶課的學員中，得到的實證數字。在這三天，學員們每天僅上課六小時。只要抓到竅門，學員們記憶單字的速度都是倍數成長的。

例如，第一天記憶的單字為 150 字；第二天就增加到 250 個字，到第三天時大家都上手了，一天即可記憶到 500 個字；想像力及整合能力比較強的人，到後來每分鐘甚至可以記下三到五個單字，三天下來記憶的單字量就超過 1,000 字。

單字記憶的速度與詞量多寡，取決於學習者如何將它有效率的呈現與整理。記憶單字的深刻度，取決於學習者輸入這筆資料時所給予的畫面，有人的畫面是空白的，有人是黑白的影像，有人卻是動畫版或動作片。我們對資料如何輸入，將來它就如何為我們輸出。

因此，現在辛苦點，好好管理我們記錄的每筆資料，讓它成為有系統、有組織的資料庫，絕對會比遇到一個算一個，

來一個記憶一個、忘一個來得好。

　　當然，對於簡單易記的單字，我們使用過去熟悉的方法即可。但是，當需要大量或想整合難的、長的單字時，我們就必須用一些特殊的方法來記憶單字。以下補充記憶英文單字的方式，讓你的英文單字量瞬間擴充，恆久不忘。

掌握每天的賺時時刻

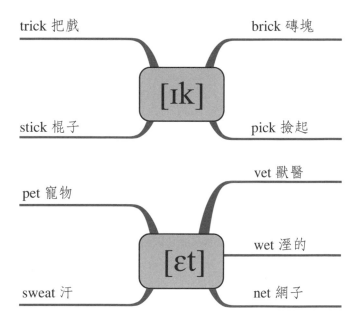

6-3 世界記憶大賽 考題類型分析

目前世界記憶大賽的參賽者，都必須在為期三天的時間內，通過十項考驗，如果有在接觸這類資訊的人可能已經發現，這十種測驗類型，有八成都已在本書中揭露，並讓大家反覆演練，所以，大家已經有充分的體驗與練習，我也相信，你們任何一個人，只要有心，願意時時刻刻鍛鍊自己的大腦，世界目標指日可待。

1. 15 minute names：

於 15 鐘內，記住紙本上出現的人物長相與姓名，在限定的時間內，完成的題數越多得分越高。

2. 30 minute binary：

於 30 分鐘內，記住紙本上出現只有 0 與 1 組成的特長串數字，如 01010111101010101011111100000101010111111 11 這樣的數字串。其實只要透過本書第三篇所教授的方式，先將數字轉換為有意義的圖像，就難不倒你。

例如看到 0000，就想到萬年龜，1010 就想到雙十節，0101 想到兩顆貢丸等等，用這樣的方式將數字轉換成有趣的

圖像，就能輕鬆輸入大腦裡囉。

3. abstract images：

中文翻譯成「抽象圖片」。參賽者必須經由轉碼的方式來記憶不具意義的畫面、符號或抽象畫。

4. 5 minute numbers：

於 5 分鐘內，將 09383719205837583910193757 69382 這樣的數字串記下，記得越多分數越高。

5. 30 minute numbers：

參賽者必須在 30 分鐘內，記憶一長串的數字亂碼，記得的長度越長，分數越高。是一項考驗耐力、記憶力與專注力的精神馬拉松。

6. 15 minute words：

於 15 分鐘內，記憶多組文字，記住的文字越多組，分數越高。可以用聯想導演故事法與兩兩相黏串聯法破解這類題型。

7. 30 minute cards：

於 30 分鐘內，記住多副撲克牌的順序。比賽時，評委會當場將撲克牌的順序打亂，參賽者必須記住被打亂的牌之花色與數字，並按順序排出，在 30 分鐘內記住最多副被打亂的牌之順序者，分數越高。若中途出錯或記憶不連續，比賽就結束了。

8. Historic dates：

記憶歷史年代，可能是虛擬的時間，也可能是真實的日期與事件，如同我們前面所練習過的，聯結年代與事件的記憶。

9. Spoken numbers：

這是屬於聽力測驗的數字記憶，考官會以廣播的方式念出 0928183748295839103847 這樣的長串亂碼，平均每秒一個數字的速度。這是一項最需要專注力、耐力與聽力的瞬間記憶考驗。

10. Speed cards：

撲克牌快速記憶。瞬間記住一副被打亂的撲克牌的順序，所花的時間越少，分數越高。目前世界最快的紀錄是 35.34 秒！

透過以上的考題類型說明，我們可以了解到，世界國際賽事的內容並不難，主要強調對大腦內部的刺激，可經由平日的練習為基礎開始逐步累積經驗與熟練度。經由持之以恆的練習，相信大家都有機會在這些國際賽事中奪得佳績。期望透過本書有系統地分享各種提升時間、學習力、工作效率的技巧，能幫助大家不論是在學業、升遷、考試、生活運用或是職場上，皆有顯著的成長與進步，將是本書最大的存在價值喔！

| 後記 |

給大家——建立高效率自信的 9 個金條

1. 每天早上起床，對著鏡中的自己說：「我是最棒的，我是幸福、健康、財富的泉源。」

2. 告訴自己：「我每天都在進步，即使有挫折，那也是一種進步。」

3. 我是最有能力的學習者，我熱愛我所學的。

4. 我充分發揮自己的實力與天才。

5. 考試或考驗對我而言非常輕鬆，因為我總是有辦法可以突破。

6. 我感恩給予我精進成長的那些人，無論是認識或不認識的，我都謝謝他們！

7. 我每天都活得很精采、充分利用時間，且學習很多有益的知識！

8. 我熱愛高效能學習，並承諾不間斷地運用在我的生活、課業與工作上！

9. 我是金錢製造機，我是幸福的泉源，我是健康守護神！

鼎琪老師小提醒

這本書集結了已被證實有效的高效率學習法，顛覆許多人過去對學習的認知，只要你願意承諾自己投身於改革與精進學習中，就像生物不斷在進化一樣。我們要做不習慣的事，學不一樣的技能，交不同的朋友，我們才能揮別過去，擁抱不一樣的未來，朝我們所渴求的高效率精彩人生邁進。也歡迎你將本書與家人、同事、朋友分享，將它當作啟發他人的鑽石（賺時）禮物！更歡迎大家關注臉書「鼎琪高效能學府」這個學習平台，你將持續與高效率有約。

請你先停止學習
並且立即開始「思考」如何學習

有人說活到老學到老，如果這一輩子你都需要持續學習，
那你一定要先來一堂講座，
這堂講座就是要教會你如何快速、有效的學習！
協助您重新閱讀一次自己大腦的「使用說明書」。

給想要藉由「全腦開發」，
有效縮短讀書時間、快速提升工作效率、
進而賺取更多財富擁有更高品質生活的你，
開始開始高效率的生活方式。

王鼎琪老師本人親授（120分鐘精華講座）
用引導的方式，短時間改善您的大腦使用習慣。
有效提升您的知識閱讀力、大腦記憶力、邏輯思考力、創新創造力、財富整合力。

所以不論你是...

- **在校學生**｜希望**增加**考試**成績**、**縮短讀書時間**。
- **考照朋友**｜希望用更**有效率**的方式考到你要的證照。
- **在職人員**｜希望**提升**你的**工作效率**，得到更好的**升遷機會**。
- **業務同仁**｜希望透過全腦開發增加自己的**業務行銷能力**、**溝通能力**，創造更好的績效。
- **創業老闆**｜希望讓自己的**思考更加靈活**，在瞬息萬變的商場上**出奇制勝**碾壓競爭對手。
- **待業、退休人士**｜希望學習一門**終身受用**的技術，讓自己**增加一門獨特的競爭力**。

體驗式講座　　對你會非常有收穫！

講座報名　　　老師官方line@

Beyond English
超越英語力二日研習班！

How many times have you met someone with a strong vocabulary, but who cannot express themselves fluently? Well, BEC has an answer to that question--Get away from your books, and start practicing English while "doing." You have read it right! The best way to learn English is by doing. For this reason BEC is introducing a 2-day learning program that immerses the learner in a "doing by learning and doing by acting" experience. Come and get your English off the ground with us!

❶ 如何克服內在缺乏自信而不敢表達的恐懼。

❷ 如何運用肢體語言在台上侃侃而談。

❸ 如何提升一對一或一對多的演說能力。

❹ 如何有效地表達，一開口就令人驚豔。

❺ 如何學習英語及其他國語言的策略及戰略準備。

❻ 如何在2天內正音、取得聽說讀寫祕訣。

❼ 如何快速記憶英文單詞，達到秒速吸收不健忘的境界。

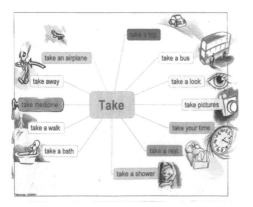

運用頭腦革命系統　大量快速學

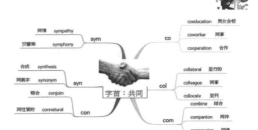

歡迎索取講座資訊：
請洽(02)2716-1113或掃描QRcode了解更多課程訊息。

學會**7**大超級記憶術
讓大腦輕鬆為您工作！

王鼎琪老師超級學習力搶先學，**1**分鐘速記法：

Q 你背得出台灣西部由北到南的河流名稱嗎？

A 淡水河 → 鳳山溪 → 頭前溪 → 後龍溪 → 大安溪 → 大甲溪 →
大肚溪 → 濁水溪 → 北港溪

鼎琪老師的聯想導演故事法

將原本相互獨立的個體，運用想像力、創造力，讓它們互動、聯結在一起。如同一個導演，透過巧妙的運鏡、生動的畫面、適切的剪接，將枯燥的劇本拍成一部部精彩的電影。跟著下面的步驟試試看吧。

Step1：諧音轉換圖像

1 淡水河（蛋）	2 鳳山溪（鳳爪）	3 頭前溪（頭）	4 後龍溪（龍）	5 大安溪（安全帽）	6 大甲溪（盔甲）	7 大肚溪（大肚）	8 濁水溪（鐲子）	9 北港溪（香港腳）

Step2：將圖像與圖像聯結，透過聯想導演故事分享畫面

有一顆**蛋**砸到**鳳爪**後，滾到**頭前**，後面飛來一隻**龍**，帶著**安全帽**，身穿**盔甲**，**肚**子撐的很大，正在用**鐲子**，刮起自己的**香港腳**！

很神奇吧，只要很短的時間就能背出平常記不起來的一長串資料，想了解更多英國牛津碩士王鼎琪老師獨門記憶術，與腦內大革命的記憶法，快上新絲路網路書店www.silkbook.com查詢。

采舍國際集團 魔法講盟

全球華文出版界第一團隊&菁英講師
為您揭露出書八大祕訣！

王晴天博士為國內暢銷書天王暨中國出版界第一位被授與「編審」頭銜的台灣學者，擁有超過20年的傳統及數位出版經驗，由其率領的專業出版團隊授課，教您如何**寫得快、寫得好**，讓寫作成為自己的專長，讓著作成為個人的標章，淬鍊您的文筆，完成您的作品，助您完成出書夢想，成就美好人生！

實際操作演練

業界名師親授

寫作出書 NO.1

全程個別輔導

暢銷八大祕訣

專業諮詢服務

保證出書

報名**寫作實戰&出書保證班**即享有華人出版界最全方位的三大整合力！

☆ 平台整合・資源整合・教戰整合 ☆

更詳細的課程資訊請上 新絲路網路書店

全球最大的自資出版平台
www.book4u.com.tw/mybook

出書5大保證

創意寫作 1
寫作培訓：創作真簡單！
我們備有專業培訓課程，讓您從基礎開始學習創作，晉身斐然成章的作家之列。

2 專業諮詢
意見提供：專業好建議！
無論是寫作計畫、出版企畫等各種疑難雜症，我們都提供專業諮詢，幫您排解出書的問題。

規劃編排 3
編輯修潤：編排不苦惱！
本平台將配合您的需求，為書籍作最專業的規劃、最完善的編輯，讓您可專注創作。

4 印刷出版
成書出版：內外皆吸睛！
從交稿至出版，每個環節均精心安排、嚴格把關，讓您的書籍徹底抓住讀者目光。

通路行銷 5
品牌效益：曝光增收益！
我們擁有最具魅力的品牌、最多元的通路管道，最強大的行銷手法，讓您輕鬆坐擁收益。

打造優質書籍，為您達成夢想！

香港 吳主編 mybook@mail.book4u.com.tw
北京 王總監 jack@mail.book4u.com.tw
學參 陳社長 sharon@mail.book4u.com.tw
台北 歐總編 elsa@mail.book4u.com.tw

國家圖書館出版品預行編目資料

商戰大腦格命／王鼎琪 著.
-- 初版. -- 新北市：集夢坊出版，
采舍國際有限公司發行，2019.11
面； 公分
ISBN 978-986-96132-5-5（平裝）
1.職場成功法 2.學習方法 3.記憶

494.35   108016972

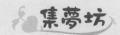

商戰大腦格命

出版者●集夢坊

作者●王鼎琪

印行者●全球華文聯合出版平台

出版總監●歐綾纖

副總編輯●陳雅貞

責任編輯●Dorae

美編設計●陳君鳳

內文排版●王鴻立

台灣出版中心●新北市中和區中山路2段366巷10號10樓

電話●(02)2248-7896　　　　傳真●(02)2248-7758

ISBN●978-986-96132-5-5

出版日期●2019年11月初版

郵撥帳號●50017206采舍國際有限公司（郵撥購買，請另付一成郵資）

全球華文國際市場總代理●采舍國際 www.silkbook.com

地址●新北市中和區中山路2段366巷10號3樓

電話●(02)8245-8786　　　　傳真●(02)8245-8718

全系列書系永久陳列展示中心

新絲路書店●新北市中和區中山路2段366巷10號10樓　　　　電話●(02)8245-9896

新絲路網路書店●www.silkbook.com

華文網網路書店●www.book4u.com.tw

跨視界‧雲閱讀 新絲路電子書城 全文免費下載　silkbook◇com

台灣最大培訓機構

魔法講盟集團

突破｜整合｜聚贏

兩岸知識服務領航家 · 開啟知識變現的斜槓志業

職涯無邊，人生不設限！知識就是力量，魔法講盟將其相加相融，讓知識轉換成收入，創造獨特價值！告別淺碟與速食文化，在時間碎片化的現代，把握每一分秒精進，與知識生產者或共同學習者交流，成就更偉大的自己，綻放無限光芒！

大師的智慧傳承

魔法講盟 的領導核心為全球八大名師亞洲首席——**王晴天博士**，他博學多聞、學富五車，熟識他的人都暱稱他為「移動的維基百科」，是大中華區培訓界超級名師、世界八大明師大會首席講師，為知名出版家、成功學大師、行銷學權威，對企業管理、個人生涯規劃與微型管理、行銷學理論與實務，多有獨到之見解及成功的實務經驗，栽培後進不遺餘力。

王博士原本是台灣補教界的數學名師，99％的受教學生學測成績都超越 12 級分，屢創不可思議的傳奇故事，其獨到的教學與解題方式，被喻為思考派神人神解！王博士考量每年講的內容都一樣，而這些知識無法讓學生畢業後投入社會就能脫穎而出，於是急流勇退，全心經營最有興趣且擅長的圖書出版業——采舍國際出版集團。但是他並沒有就此懈怠，反而積極到處上課，舉凡國內、國外的世界級培訓老師所開的課，王博士都報名參加，甚至專程飛到國外只為一親大師的風采。在一次次課程中，他開始思考成人培訓的價值與重要性，因此開始積極布局，決心要開創一間專為成人培訓服務的機構。

魔法講盟的緣起

　　王晴天博士為台灣知名出版家、成功學大師和補教界巨擘，於 2013 年創辦「**王道增智會**」，秉持著舉辦優質課程、提供會員最高福利的理念，不斷開辦各類教育與培訓課程，內容多元且強調實做與課後追蹤，每一堂課均帶給學員們精彩、高 CP 值的學習體驗。不僅提升學員的競爭力與各項核心能力，更讓學員在課堂上有實質收穫，上過課的學員好評不斷，為台灣培訓界開創了一股清流！

　　每年六月份舉辦世界華人八大明師大會與亞洲八大名師高峰會，為台灣培訓界一大盛事，至今參與過的學員高達 200,000 人，期許在為學員打造主題多元優質課程的同時，也能提供一個讓講師發揮的平台，讓學員在參加講師培訓結業後立即有舞台，並讓學員與講師相互交流，形成知識的傳承與流轉。2017 年更與成資國際集團 (Yesooyes.com) 合作，創立全球華語講師聯盟；2018 年與 24 位弟子正式成立**全球華語魔法講盟**（簡稱 **魔法講盟**）。融合王晴天博士多年智慧結晶、結合多元豐富資源，致力開創知識分享的課程，實現知識共享的經濟時代，藉由汲取成功者的經驗、萃取得勝者的思維，以改變生命、影響生命、引領良善智慧的循環為職志，創建台灣最大的培訓聯盟機構，成為全球華人華語知識服務的標竿！

　　魔法講盟 是亞洲頂尖商業教育培訓機構，全球總部位於台北，海外分支機構分別位於北京、杭州、廈門、重慶、廣州與新加坡等據點，以「國際級知名訓練授權者◎華語講師領導品牌」為企業定位，集團的課程、產品及服務研發，皆以傳承自 2500 年前人類智慧結晶的「曼陀羅」思考模式為根本，不斷開創 21 世紀社會競爭發展趨勢中最重要的心智科技，協助所有的企業及個人，落實知識管理系統，成為最具競爭力的知識工作者，更有系統地實踐夢想，形成志業型的知識服務體系。

全球**華語魔法講盟**

Magic https://www.silkbook.com/magic/

北京‧上海‧廣州‧深圳
台北‧杭州‧廈門‧重慶
香港‧吉隆坡‧新加坡

魔法講盟的特色

　　當年王道增智會有開設一門「公眾演說」的課程，結訓完的學員們都會面臨一個問題：那就是不論你多會講，拿到了再好的名次、再高的分數，結業後必須要自己尋找舞台，也就是要自己招生，然而招生跟上台演說是兩個截然不同的領域，而培訓開課最難的部份就是招生！畢竟要找幾十個甚至上百個學員免費或付費到指定的時間、地點聽講，是非常困難的。有感於此，王晴天博士認為專業要分工，講師歸講師、招生歸招生，所以 **魔法講盟** 透過代理國際級課程，讓魔法講盟培訓出來的講師直接授課，搭配專屬雜誌與影音視頻之曝光，幫講師建立形象，增加曝光與宣傳機會，再與台灣最強的招生單位合作，強強聯手，襲捲整個華語培訓市場。

　　魔法講盟 的課程最講求兩個字「**結果**」！你會覺得理所當然，但是很多學員參加各種培訓機構辦的培訓課程，例如公眾演說班，繳交所費不貲的課程學費並在課堂上認真學習，參加小組競賽並上台獲得好名次好成績，拿到結業證書和競賽獎牌，也學得一身好武藝，正想要靠習來的技能打天下、掙大錢時，發現一個殘酷的事情：就是要自己招生，而這正是整個培訓流程中最難、最重要、最燒錢的一環。

魔法講盟
體驗
記住
成長

認證培訓中，透過體驗式教學並當場實踐所學，讓你確實學以致用！

「親身體驗」的學習效果遠遠超過坐著聽、看、讀或寫，不只是學習實戰經驗與智慧，更讓你用身體牢牢記住。

朝著目標前進、成長才是人生真正的目標。

經過 **魔法講盟** 的密集培訓，將能讓你成為一個比以往任何時候的你還要更大、更好，並且隨時準備承擔更大、更令人興奮的目標與責任！

魔法講盟對於所開設的課程給出承諾：只要是弟子或學員，並且表現達到一定門檻以上，會依照學員的能力給予不同的舞台，就是要講求結果。

✓ 保證有結果

出書出版班	➡	出一本暢銷書
區塊鏈認證班	➡	保證擁有四張證照 （東盟國際級證照＋大陸官方兩張＋魔法講盟一張）
WWDB642 課程	➡	建立萬人團隊，倍增收入
Business & You 課程	➡	同時擁有成功事業&快樂人生
CEO4.0暨接班人團隊培訓計畫	➡	保證有企業可以接班
密室逃脫創業密訓	➡	創業成功機率增大十數倍以上
講師培訓 PK 賽	➡	擁有華人百強講師的頭銜
公眾演說班	➡	站上舞台成功演說
眾籌班	➡	保證眾籌成功

別人有方法，我們更有魔法；

別人進駐大樓，我們禮聘大師；

別人有名師，我們將你培養成大師；

別人談如果，我們只談結果；

別人只會累積，我們創造奇蹟。

口碑推薦並強調有效果
有結果的 十大品牌課程

BUSINESS & YOU
↳ 同時擁有成功事業＆快樂人生

　　魔法講盟董事長王晴天博士，致力於成人培訓事業多年，一直尋尋覓覓世界最棒的課程，好不容易在 2017 年洽談到一門很棒的課程，就是有世界五位知名培訓元老大師所接力創辦的 Business & You。於是魔法講盟投注巨資代理其華語權之課程，並將全部課程中文化，目前以台灣培訓講師為中心，目標將輻射中國及東南亞 55 個城市。

　　Business & You 的課程結合全球培訓界三大顯學：**激勵・能力・人脈**，全球據點從台北、北京、廈門、廣州、杭州、重慶輻射開展，專業的教練手把手落地實戰教學，Business & You 是讓你同時擁有成功事業 & 快樂人生的課程，啟動您的成功基因，15 Days to Get Everything， B&U is Everything ！

企業界・學術界・培訓界一致推崇

全球華語總代理・ 魔法講盟 **培訓體系** ▶▶▶
台灣最大、最專業的開放式培訓機構

★保證有結果的國際級課程★

BUSINESS & YOU
最落地的實務課程

晴天魔法弟子
報名BU課程
★★★ 免費 ★★★

5

BU 15 日完整課程，整合成功激勵學與落地實戰派，借力高端人脈建構自己的魚池。一日齊心論劍班＋二日成功激勵班＋三日快樂創業班＋四日 OPM 眾籌談判班＋五日市場 ing 行銷專班，讓您由內而外煥然一新，一舉躍進人生勝利組，幫助您創造價值、財富倍增，得到金錢與心靈的富足，進而邁入自我實現與財務自由的康莊之路。

① **一日齊心論劍班 →** 由王博士帶領講師及學員們至山明水秀之秘境，大家相互認識、充分了解，彼此會心理解，擰成一股繩兒，共創人生事業之最高峰。

② **二日成功激勵班 →** 以 NLP 科學式激勵法，激發潛意識與左右腦併用，搭配 BU 獨創的創富成功方程式，同時完成內在與外在之富足，含章行文內外兼備是也！創富成功方程式：內在富足＋外在富有，利用最強而有力的創富系統，及最有效複製的 know-how，持續且快速地增加您財富數字後的「0」。

③ **三日快樂創業班 →** 保證教會您成功創業、財務自由、組建團隊與人脈之開拓，並提升您的人生境界，達到真正快樂的幸福人生之境。

④ **四日 OPM 眾籌談判班 →** 手把手教您（魔法）眾籌與 BM（商業模式）之 T&M，輔以無敵談判術與從零致富的 AVR 體驗，完成系統化的被動收入模式，參加學員均可由 E 與 S 象限進化到的 B 與 I 象限。從優化眾籌提案到避開相關法律風險，由兩岸眾籌教練第一名師親自輔導您至成功募集資金、組建團隊、成功創業為止！

⑤ **五日市場 ing 行銷專班 →** 以史上最強、最完整行銷學《市場 ing》（BU 棕皮書）之〈接〉〈建〉〈初〉〈追〉〈轉〉為主軸，傳授您絕對成交的秘密與終極行銷之技巧，課間並整合了 WWDB642 絕學與全球行銷大師核心秘技之專題研究，讓您迅速蛻變成銷售絕頂高手，超越卓越，笑傲商場！堪稱目前地表上最強的行銷培訓課程。

　　只需十五天的時間，就能學會如何掌握個人及企業優勢，整合資源打造利基，創造高倍數斜槓槓桿，讓財富自動流進來！

區塊鏈國際認證講師班
⤷ 保證取得四張證照

　　由國際級專家教練主持，即學・即賺・即領證！一同賺進區塊鏈新紀元！特別對接大陸高層和東盟區塊鏈經濟研究院的院長來台授課，是唯一在台灣上課就可以取得大陸官方認證機構頒發的四張國際級證照，通行台灣與大陸和東盟 10 ＋ 2 國之認可，可大幅提升就業與授課之競爭力。課程結束後您會取得大陸工信部、國際區塊鏈認證單位以及魔法講盟國際級證照，魔法講盟優先與取得證照的老師在大陸合作開課，大幅增強自己的競爭力與大半徑的人脈圈，共同賺取人民幣！

接班人密訓計畫
⤷ 保證有企業可接班

　　針對企業接班及產業轉型所需技能而設計，由各大企業董事長們親自傳授領導與決策的心法，涵養思考力、溝通力、執行力之成功三翼，透過模組演練與企業觀摩，引領接班人快速掌握組織文化、挖掘個人潛力、累積人脈存摺！已有十數家集團型企業委託魔法講盟培訓接班人團隊！魔法講盟將於 2021 年起為兩岸企業界建構〈接班人魚池〉，引薦合格之企業接班人！

國際級講師培訓
↳ 保證有舞台

不論您是未來將成為講師，或是已擔任專業講師，透過完整的訓練系統培養授課管理能力，系統化課程與實務演練，協助您一步步成為世界級一流講師！兩岸百強 PK 大賽遴選優秀講師並將其培訓成國際級講師，給予優秀人才發光發熱的舞台，您可以講述自己的項目或是魔法講盟代理的課程以創造收入，生命就此翻轉！

眾籌
↳ 保證募資成功

終極的商業模式為何？借力的最高境界又是什麼？如何解決創業跟經營事業的一切問題？答案將在王晴天博士的「眾籌」課程中一一揭曉。教練的級別決定了選手的成敗！在大陸被譽為兩岸培訓界眾籌第一高手的王晴天博士，已在中國大陸北京、上海、廣州、深圳開出多期眾籌落地班，班班爆滿！三天完整課程，手把手教會您眾籌全部的技巧與眉角，課後立刻實做，立馬見效。在群眾募資的世界裡，當你真心渴望某件事時，整個宇宙都會聯合起來幫助你完成。

　　魔法講盟創建的 5050 魔法眾籌平台，提供品牌行銷、鐵粉凝聚、接觸市場的機會，讓你的產品、計畫和理想被世界看見，將「按讚」的認同提升到「按贊助」的行動，讓夢想不再遙不可及。透過 5050 魔法眾籌平台與《白皮書》的發佈，讓您在很短的時間內集資，藉由魔法講盟最強的行銷體系、出版體系、雜誌、影音視頻等多平台進行曝光，讓籌資者實際看到宣傳的時機與時效，助您在很短的時間內完成您的一個夢想，因為魔法講盟講求的就是結果與效果！！

CEO 4.0 暨接班人團隊培訓計畫
↳ 保證晉升 CEO 4.0

特邀美國史丹佛大學米爾頓‧艾瑞克森（Milton H.Erickson）學派崔沛然大師，針對企業第二代與準接班人進行培訓，從美國品牌→台灣創意→中國市場，熟稔國際商業生態圈 IBE 並與美國 LA 對接人脈，出井再戰為傳承，提升寬度、廣度、亮度、深度，建立品牌，晉身 CEO 4.0！

讀破千經萬典，不如名師指點；高手提攜，勝過 10 年苦練！凡參加「CEO 4.0 暨接班人團隊培訓計畫」的弟子們都將列入魔法講盟準接班人團隊成員之一。

出書出版班
↳ 保證出一本暢銷書

由出版界傳奇締造者王晴天大師、超級暢銷書作家群、知名出版社社長與總編、通路採購聯合主講，陣容保證全國最強，PWPM 出版一條龍的完整培訓，讓您藉由出一本書而名利雙收，掌握最佳獲利斜槓與出版布局，布局人生，保證出書。快速晉升頂尖專業人士，打造權威帝國，從 Nobody 變成 Somebody！

我們的職志、不僅僅是出一本書而已，而且出的書都要是暢銷書才行！魔法講盟保證協助您出版一本暢銷書！不達目標，絕不終止！此之謂結果論是也！

本班課程於魔法講盟采舍國際集團中和出版總部授課，教室位於捷運中和站與橋和站間，現場書庫有數萬種圖書可供參考，魔法講盟集團上游八大出版社與新絲路網路書店均在此處。於此開設出書出版班，意義格外重大！

WWDB642
↳ 保證能建立萬人團隊

　　WWDB642 為直銷的成功保證班，當今業界許多優秀的領導人均出自這個系統，完整且嚴格的訓練，擁有一身好本領，從一個人到創造萬人團隊，十倍速倍增收入，財富自由！100% 複製＋系統化經營＋團隊深耕，讓有心人都變成戰將！傳直銷收入最高的高手們都在使用的WWDB642 已全面中文化，絕對正統！原汁原味 !! 從美國引進，獨家取得授權 !! 未和任何傳直銷機構掛勾，絕對獨立、維持學術中性 !! 結訓後可成為 WWDB642 講師，至兩岸及東南亞各城市授課，翻轉你人生的下半場。

公眾演說
↳ 保證站上舞台成功演說

　　建構個人影響力的兩種大規模殺傷性武器就是公眾演說＆出一本自己的書，若是演說主題與出書主題一致更具滲透力！透過「費曼式學習法」達於專家之境。魔法講盟的公眾演說課程，由專業教練傳授獨一無二的銷講公式，保證讓您脫胎換骨成為超級演說家，週二講堂的小舞台與亞洲八大名師或世界八大明師盛會的大舞台，讓您展現培訓成果，透過出書與影音自媒體的加持，打造講師專業形象！完整的實戰訓練＋個別指導諮詢＋終身免費複訓，保證晉級 A 咖中的 A 咖！

密室逃脫創業秘訓
⤷ 保證走出困境創業成功

　　創業本身就是一個找問題、發現問題，然後解決問題的過程。創業者要如何避免陷入經營困境和失敗危機？就必須先對那些創業過程中最常見的錯誤、最可能碰上的困境與危機進行研究與分析，因為環境變化太快，每一個階段都會有其要面臨的問題，誰對這些潛在的危險認識更深刻，就有可能避免之。事業的失敗，其造成主因往往不是一個，而是一連串錯誤和Ｎ重困境疊加導致的。只有正視困境，才能在創業路上未雨綢繆，走向成功。

　　當你想創業時，夥伴是一個問題、資金是一個問題、應該做什麼樣的產品是一個問題，創業的過程中會有很多很多的問題圍繞著你，猶如一間密室，要逃脫密室就必須不斷地發現問題、解決問題。

　　密室逃脫創業秘訓是由神人級的創業導師——王晴天博士親自主持，以一個月一個主題的博士級 Seminar 研討會形式，共 12 個創業關卡，帶領學員找出「真正的問題」並解決它。因為在創業過程中，有些問題還是看不見的，甚至有些是方法上出了問題、效率上出了問題、流程上出了問題，甚至是人方面的問題……。本身有三十多年創業實戰經驗的王博士將從以下這十個面向，結合歐、美、日、中、東盟……最新的創業趨勢，解決創業的 12 大問題，大幅提高創業成功之機率！

魔法講盟 是台灣射向全球華文市場的文創之箭

```
                    魔法講盟
   ┌───────────┬──────────┬──────────┬──────────┐
   B2B          B2C        知識服務      國際運作

  采舍國際      新絲路網路書店   創見文化等二十    北京、廈門等
              華文網網路書店   餘家知名出版社    各地分公司
  兩岸及新馬     華文自資出版平台   新絲路視頻
  影音平台      新絲路電子書城    魔法講盟IP     廣州、大馬等
              魔法眾籌平台    ef 東京衣芙雜誌   各地聯盟機構
  兩岸書刊發行
  流通聯盟
```

1 集團旗下的采舍國際為全國最專業的知識服務與圖書發行總代理商，總行銷八十餘家出版社之圖書，整合業務團隊、行銷團隊、網銷團隊，建構全國最強之文創商品行銷體系，擁有海軍陸戰隊般鋪天蓋地的行銷資源。

2 集團旗下擁有創見文化、典藏閣、知識工場、啟思出版、活泉書坊、鶴立文教機構、鴻漸文化、集夢坊等二十餘家知名出版社，中國大陸則於北上廣深分別投資設立了六家文化公司，是台灣唯一有實力兩岸 EP 同步出版，貫徹全球華文單一市場之知識服務數字＋集團。

3 集團旗下擁有全球最大的華文自資出版平台與新絲路電子書城，提供紙本書與電子書等多元的出版方式，將書結合資訊型產品來推廣作者本身的課程產品或服務，以 **專業編審團隊**＋**完善發行網絡**＋**多元行銷資源**＋**魅力品牌效應**＋**客製化出版服務**，協助各方人士自費出版了三千餘種好書，並培育出博客來、金石堂、誠品等暢銷書榜作家。

 華文網 全球最大的華文**自費**出版集團
www.book4u.com.tw 自2000年8月起，華文網自資出版服務平台已策劃出版超過3000種好書（含POD）

4. 定期開辦線上與實體之新書發表會及**新絲路讀書會**，廣邀書籍作者親自介紹他的書，陪你一起讀他的書，再也不會因為時間太少、啃書太慢而錯過任何一本好書。參加新絲路讀書會能和同好分享知識、交流情感，讓生命更為寬廣，見識更為開闊！

5. 魔法講盟 IP 蒐羅過去、現在與未來所有魔法講盟課程的影音檔，逾千部現場實錄學習課程，讓您隨點隨看飆升即戰力；喜馬拉雅 FM—新絲路 Audio 提供有聲書音頻，隨時隨地與大師同行，讓碎片時間變黃金，不再感嘆抓不住光陰。

6. **新絲路視頻**是魔法講盟旗下提供全球華人跨時間、跨地域的知識服務平台，讓您在短短 40 分鐘內看到最優質、充滿知性與理性的內容（知識膠囊），偷學大師的成功真經，搞懂 KOL 的不敗祕訣，開闊新視野、拓展新思路、汲取新知識，逾千種精彩視頻終身免費對全球華語使用者開放。

知識學習領航家

新絲路視頻 ▶▶▶

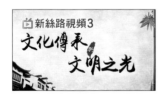

魔法講盟 由神人級的領導核心——王晴天博士，以及家人般的團隊夥伴——魔法弟子群，搭建最完整的商業模式，共享資源與利潤，朝著堅定明確的目標與願景前進。別再孤軍奮戰了，趕快加入 魔法講盟 創造個人價值，再創人生巔峰。

魔法絕頂，盍興乎來！

魔法講盟官網

魔法講盟 Line@

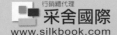

魔法講盟 招牌課程——

打造賺錢機器

不再被錢財奴役，奪回人生主導權

**想要有錢，就得學會將賺錢系統化，
儘管身處微利時代，
也能替自己加薪、賺大錢！**

SYSTEMATIZE MAKE MONEY

您的賺錢機器可以是……
替自己賺取十倍收入，打造被動收入！
讓一切流程**自動化、系統化**，
在本薪與兼差之餘，還能有其他的現金自動流進來！

您的賺錢機器更可以是……
投資大腦，善用**費曼式、晴天式學習法**！
透過不斷學習累積，擴充知識含量、轉換思維，
把知識變現，任何夢想、行動、習慣和技能，
都將富有價值，進而產生收入，**讓你的人生開外掛**！

**打造超級賺錢機器，學會自己掙錢，
您不用多厲害，只要勇敢的向前邁步。**

**倘若不會掙，魔法講盟也能提供平台幫您掙，
讓行動從低門檻開始，助您一臂之力，
保證賺大錢！解鎖創富之秘！**

開課日期及詳細授課資訊，請掃描 QR Code 或撥打真人客服專線 02-8245-8318，
亦可上新絲路官網 silkbook○com www.silkbook.com 查詢

華文版 Business & You 完整 15 日絕頂課程

從內到外，徹底改變您的一切！

以大自然為背景，一群人、一個項目、一條心、一塊兒拼、最後一起贏！古有《華山論劍》，今有〈BU齊心論〉，「齊心」的前提是互相認識，大家充份了解，彼此真心理解，擰成一股繩兒，一條鞭見！

以《BU藍皮書》《覺醒時刻》為教材，採用NLP科學式激勵法，激發潛意識與左右腦併用，BU獨創的創富成功方程式，可同時完成內在與外在的富足，含章行文內外兼備是也！

以《BU紅皮書》與《BU綠皮書》兩大經典為本，保證教會您成功創業、財務自由之外，也將提升您的人生境界，達到真正快樂的人生目的。並藉遊戲式教學，讓您了解DISC性格密碼，對組建團隊與人脈之開拓能力均可大幅提升。

以《BU黑皮書》超級經典為本，手把手教您眾籌與商業模式之T&M，輔以無敵談判術，完成系統化的被動收入模式，由E與S象限，進化到B與I象限，達到真正的財富自由！

$$\frac{E \quad B}{S \quad I}$$

以史上最強的《BU棕皮書》為主軸，教會學員絕對成交的祕密與終極行銷之技巧，並整合了全球行銷大師核心密技與642系統之專題研究，堪稱目前地表上最強的行銷培訓課程。

接建初追轉

1日 心論劍班

2日 成功激勵班

3日 快樂創業班

4日 OPM 眾籌談判班

5日市場ing 行銷專班

以上 1+2+3+4+5 共 **15** 日 BU 完整課程，
整合全球培訓界主流的二大系統及參加培訓者的三大目的：

成功激勵學 × 落地實戰能力 × 借力高端人脈

建構自己的魚池，讓您徹底了解《借力與整合的秘密》

全球華語魔法講盟 Magic　以上課程報名，請上 silkbook com 新絲路 www.silkbook.com

人生最高境界

幸福人生終極之秘
決定您一生的幸福、快樂、富足與成功！

超譯易經
知命・造命，不認命，掌握好命靠易經！

玩轉眾籌實作班
大師親自輔導，保證上架成功並建構創業BM！

成交的秘密

行銷絕對完勝營
市場ing＋接建初追轉，賣什麼都暢銷！

世界級講師培訓班
理論知識＋實戰教學，保證上台！

寫書＆出版實務班
企畫・寫作・保證出書・出版・行銷，一次搞定！

★ 保證有結果的國際級課程 ★

BU生之樹，為你創造由內而外的富足，跟著BU學習、進化自己，升級你的大腦與心智，
改變自己、超越自己，讓你的生命更豐盛、美好！

新・絲・路・網・路・書・店　silkbook○com　www.silkbook.com　魔法講盟